教育部高等学校网络空间安全专业教学指导委员会
中国计算机学会教育专业委员会　　共同指导

网络空间安全重点规划丛书

防火墙技术及应用实验指导

杨东晓　周飞虎　王剑利　编著

U0286534

清华大学出版社
北京

内 容 简 介

本书为"防火墙技术及应用"课程的配套实验指导教材。全书分为 5 章,分别介绍防火墙基本配置、防火墙网络部署、防火墙基本应用、防火墙高级应用,以及防火墙复杂场景实践。本书向读者提供贴近真实场景的实验环境,协助读者理解防火墙的技术与应用。

本书由奇安信集团联合高校针对网络空间安全专业的教学规划组织编写,既适合作为网络空间安全、信息安全等专业的本科生实验教材,也适合作为网络空间安全研究人员的基础读物。

图书在版编目(CIP)数据

防火墙技术及应用实验指导/杨东晓,周飞虎,王剑利编著.—北京:清华大学出版社,2019
(2024.8重印)
(网络空间安全重点规划丛书)
ISBN 978-7-302-52703-9

Ⅰ.①防⋯ Ⅱ.①杨⋯ ②周⋯ ③王⋯ Ⅲ.①防火墙技术—教材 Ⅳ.①TP393.082

中国版本图书馆 CIP 数据核字(2019)第 063098 号

责任编辑:张　民
封面设计:常雪影
责任校对:白　蕾
责任印制:宋　林

出版发行:清华大学出版社
　　　　网　　　址:https://www.tup.com.cn,https://www.wqxuetang.com
　　　　地　　　址:北京清华大学学研大厦 A 座　　　　　　邮　　编:100084
　　　　社 总 机:010-83470000　　　　　　　　　　　　　邮　　购:010-62786544
　　　　投稿与读者服务:010-62776969,c-service@tup.tsinghua.edu.cn
　　　　质量反馈:010-62772015,zhiliang@tup.tsinghua.edu.cn
　　　　课件下载:https://www.tup.com.cn,010-83470236
印 装 者:三河市人民印务有限公司
经　　销:全国新华书店
开　　本:185mm×260mm　　　　印　　张:22.5　　　　字　　数:516 千字
版　　次:2019 年 8 月第 1 版　　　　　　　　　　　　　印　　次:2024 年 8 月第 7 次印刷
定　　价:59.00 元

产品编号:080621-01

网络空间安全重点规划丛书

编审委员会

出版说明

21 世纪是信息时代,信息已成为社会发展的重要战略资源,社会的信息化已成为当今世界发展的潮流和核心,而信息安全在信息社会中将扮演极为重要的角色,它会直接关系到国家安全、企业经营和人们的日常生活。随着信息安全产业的快速发展,全球对信息安全人才的需求量不断增加,但我国目前信息安全人才极度匮乏,远远不能满足金融、商业、公安、军事和政府等部门的需求。要解决供需矛盾,必须加快信息安全人才的培养,以满足社会对信息安全人才的需求。为此,教育部继 2001 年批准在武汉大学开设信息安全本科专业之后,又批准了多所高等院校设立信息安全本科专业,而且许多高校和科研院所已设立了信息安全方向的具有硕士和博士学位授予权的学科点。

信息安全是计算机、通信、物理、数学等领域的交叉学科,对于这一新兴学科的培养模式和课程设置,各高校普遍缺乏经验,因此中国计算机学会教育专业委员会和清华大学出版社联合主办了"信息安全专业教育教学研讨会"等一系列研讨活动,并成立了"高等院校信息安全专业系列教材"编审委员会,由我国信息安全领域著名专家肖国镇教授担任编委会主任,指导"高等院校信息安全专业系列教材"的编写工作。编委会本着研究先行的指导原则,认真研讨国内外高等院校信息安全专业的教学体系和课程设置,进行了大量具有前瞻性的研究工作,而且这种研究工作将随着我国信息安全专业的发展不断深入。系列教材的作者都是既在本专业领域有深厚的学术造诣,又在教学第一线有丰富的教学经验的学者、专家。

该系列教材是我国第一套专门针对信息安全专业的教材,其特点是:

① 体系完整、结构合理、内容先进。

② 适应面广:能够满足信息安全、计算机、通信工程等相关专业对信息安全领域课程的教材要求。

③ 立体配套:除主教材外,还配有多媒体电子教案、习题与实验指导等。

④ 版本更新及时,紧跟科学技术的新发展。

在全力做好本版教材,满足学生用书的基础上,还经由专家的推荐和审定,遴选了一批国外信息安全领域优秀的教材加入系列教材中,以进一步满足大家对外版书的需求。"高等院校信息安全专业系列教材"已于 2006 年年初正式列入普通高等教育"十一五"国家级教材规划。

2007 年 6 月,教育部高等学校信息安全类专业教学指导委员会成立大会暨第一次会议在北京胜利召开。本次会议由教育部高等学校信息安全类专业教学指导委员会主任单位北京工业大学和北京电子科技学院主办,清华大学出版社协办。教育部高等学校信息安全类专业教学指导委员会的成立对我国信息安全专业的发展起到重要的指导和推动作用。2006 年,教育部给武汉大学下达了"信息安全专业指导性专业规范研制"的教学科研项目。2007 年起,该项目由教育部高等学校信息安全类专业教学指导委员会组织实施。在高教司和教指委的指导下,项目组团结一致,努力工作,克服困难,历时 5年,制定出我国第一个信息安全专业指导性专业规范,于 2012 年年底通过经教育部高等教育司理工科教育处授权组织的专家组评审,并且已经得到武汉大学等许多高校的实际使用。2013 年,新一届教育部高等学校信息安全专业教学指导委员会成立。经组织审查和研究决定,2014 年以教育部高等学校信息安全专业教学指导委员会的名义正式发布《高等学校信息安全专业指导性专业规范》(由清华大学出版社正式出版)。

2015 年 6 月,国务院学位委员会、教育部出台增设"网络空间安全"为一级学科的决定,将高校培养网络空间安全人才提到新的高度。2016 年 6 月,中央网络安全和信息化领导小组办公室(下文简称中央网信办)、国家发展和改革委员会、教育部、科学技术部、工业和信息化部及人力资源和社会保障部六大部门联合发布《关于加强网络安全学科建设和人才培养的意见》(中网办发文〔2016〕4 号)。2019 年 6 月,教育部高等学校网络空间安全专业教学指导委员会召开成立大会。为贯彻落实《关于加强网络安全学科建设和人才培养的意见》,进一步深化高等教育教学改革,促进网络安全学科专业建设和人才培养,促进网络空间安全相关核心课程和教材建设,在教育部高等学校网络空间安全专业教学指导委员会和中央网信办资助的网络空间安全教材建设课题组的指导下,启动了"网络空间安全重点规划丛书"的工作,由教育部高等学校网络空间安全专业教学指导委员会秘书长封化民教授担任编委会主任。本规划丛书基于"高等院校信息安全专业系列教材"坚实的工作基础和成果、阵容强大的编审委员会和优秀的作者队伍,目前已有多部图书获得中央网信办与教育部指导和组织评选的"网络安全优秀教材奖",以及"普通高等教育本科国家级规划教材""普通高等教育精品教材""中国大学出版社图书奖"等多个奖项。

"网络空间安全重点规划丛书"将根据《高等学校信息安全专业指导性专业规范》(及后续版本)和相关教材建设课题组的研究成果不断更新和扩展,进一步体现科学性、系统性和新颖性,及时反映教学改革和课程建设的新成果,并随着我国网络空间安全学科的发展不断完善,力争为我国网络空间安全相关学科专业的本科和研究生教材建设、学术出版与人才培养做出更大的贡献。

我们的 E-mail 地址是:zhangm@tup.tsinghua.edu.cn,联系人:张民。

"网络空间安全重点规划丛书"编审委员会

前　言

没有网络安全,就没有国家安全;没有网络安全人才,就没有网络安全。

为了更多、更快、更好地培养网络安全人才,如今,许多学校都在加大投入,聘请优秀教师,招收优秀学生,建设一流的网络空间安全专业。

网络空间安全专业建设需要体系化的培养方案、系统化的专业教材和专业化的师资队伍。优秀教材是网络空间安全专业人才的关键。但是,这却是一项十分艰巨的任务。原因有二:其一,网络空间安全的涉及面非常广,至少包括密码学、数学、计算机、通信工程等多门学科,因此,其知识体系庞大、难以梳理;其二,网络空间安全的实践性很强,技术发展更新非常快,对环境和师资的要求也很高。

《防火墙技术及应用实验指导》是“防火墙技术及应用”课程的配套实验指导教材。通过实践教学,理解和掌握防火墙的基本配置、网络管理、基本应用和高级应用,从而培养学生对防火墙设备的部署、应用和日常运维能力。

全书分为5章。第1章介绍防火墙基本配置;第2章介绍防火墙网络部署;第3章介绍防火墙基本应用;第4章介绍防火墙高级应用;第5章介绍防火墙复杂场景实践。本书的实验环节设计均基于下一代防火墙设备功能特性设计,但可以通过对书中实验案例的学习,借鉴到其他防火墙产品的部署和实验中。

本书适合网络空间安全、信息安全等相关专业作为教材和参考资料。随着新技术的不断发展,今后将不断更新图书内容。

本书编写过程中得到奇安信集团的熊瑛、王起立、王斌、林静、任涛、裴智勇、翟胜军和北京邮电大学雷敏等专家学者的鼎力支持,在此对他们的工作表示衷心的感谢!

由于作者水平有限,书中难免存在疏漏和不妥之处,欢迎读者批评指正。

作　者

2019 年 3 月

目 录

第1章 防火墙基本配置

防火墙是指设置在不同网络(如可信任的企业内部网和不可信的公共网)或网络安全区域之间的一系列部件的组合。本书中的防火墙是指硬件防火墙产品,不是基于云的虚拟化防火墙服务。

任何一个单位在购置防火墙设备时,都需要先完成防火墙开局的基本管理和基本网络配置后才能使用防火墙的各种应用功能。本章主要完成防火墙的基本管理和基本网络配置实验。

防火墙的基本管理第一步就是登录防火墙,防火墙登录成功后可在防火墙中添加防火墙管理员,添加防火墙管理员后才可以完成防火墙的基本管理;防火墙的基本管理完成后需要对防火墙进行基本的网络配置,包括防火墙的 DHCP 设置、防火墙的 DHCP 中继配置、防火墙的 ARP 设置、防火墙的 IP-MAC 地址绑定和防火墙的 DNS 设置,完成防火墙基本的网络配置以后才可以使用防火墙。

1.1 防火墙开局基本配置

本节的主要任务是通过对一台新购防火墙的初始化配置,掌握防火墙开局的基本登录和管理思路,快速完成防火墙设备的初始工作。

【实验目的】

管理员通过配置防火墙的基础设定,如设备名称、时间、DNS 等,实现对防火墙设备的便捷管理以及为防火墙的其他功能提供辅助。

【知识点】

HTTP、HTTPS、Telnet、SSH、CONSOLE、基础设定。

【场景描述】

A 公司购置了一台防火墙设备,安全运维工程师查看产品说明书,确认防火墙平台的默认登录方式为 HTTPS 方式,并以 HTTPS 的方式成功登录防火墙平台,完成基础项的设定,请思考有哪些基础设定,应怎样根据实际情况设置这些基础项。

【实验原理】

防火墙产品出厂时默认仅可以使用 HTTPS 的方式登录管理防火墙。HTTPS 协议是相对安全的网络协议,可一定程度防止数据在传输过程中不被窃取、改变,从而确保数据的完整性。为了能够使用户更方便地登录并管理防火墙,用户可以先以 HT-TPS 的方式登录防火墙平台后,在防火墙平台内部通过修改配置将登录管理方式扩展为 HTTP(HyperText Transfer Protocol,超文本传输协议)、HTTPS、CONSOLE、Telnet(远程终端协议)和 SSH(Secure Shell,安全外壳协议),最终实现以多种方式登录防火墙平台。

防火墙管理员能够根据实际情况及需要设置设备的名称、DNS,实现对防火墙设备的便捷管理以及为防火墙的其他功能提供辅助。

【实验设备】

- 安全设备:防火墙设备 1 台。
- 主机终端:Windows XP 主机 1 台,Windows Server 2003 SP1 主机 1 台,Windows 7 主机 1 台。

【实验拓扑】

实验拓扑如图 1-1 所示。

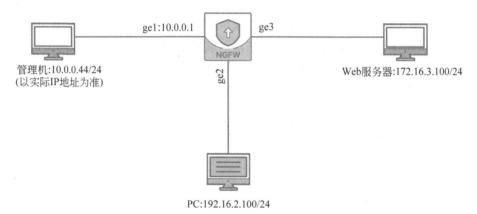

图 1-1　防火墙基本配置实验拓扑

【实验思路】

(1) 修改设备名称。

(2) 设定时间。

(3) 配置防火墙 DNS。

(4) PC 访问 Web 服务器网站。

【实验要点】

一般情况下,防火墙系统出厂设置有默认的设备管理地址和授权管理终端地址,不同产品参见相关产品手册。下一代防火墙有相关的设备默认管理地址和管理主机的要求,需要参考产品手册。

【实验步骤】

(1) 在管理机打开浏览器,在地址栏中输入防火墙产品的 IP 地址"https://10.0.0.1"

（以实际设备 IP 地址为准），进入防火墙的登录界面。输入管理员用户名 admin 和密码"!1fw@2soc♯3vpn"，登录防火墙，如图 1-2 所示。

图 1-2　防火墙登录界面

（2）为提高防火墙系统的安全性，如果用户用默认密码登录防火墙，防火墙会提示用户修改初始密码，本实验在这里单击"取消"按钮，如图 1-3 所示。

图 1-3　初始密码修改

（3）登录防火墙设备后，会显示防火墙的面板界面，如图 1-4 所示。

（4）单击面板上方导航栏中的"网络配置"，单击 ge2 右侧"操作"中的笔形标志，编辑 ge2 接口，如图 1-5 所示。

（5）本实验中，ge2 接口模拟连接公司内部网络中的一台计算机，因此将 ge2 口 IP 设置为"192.16.2.1"，掩码为"255.255.255.0"，安全域为 trust，后续步骤按照此要求进行调整。在"编辑物理接口"界面中，"工作模式"选中"路由模式"单选按钮，单击本地地址列表中的 IPv4 标签列表中的"＋添加"按钮。如果已有 IP 地址的设置，则单击 IP 地址右侧"操作"的笔形标志，视具体情况决定，其他保持默认配置，如图 1-6 所示。

（6）在"添加 IPv4 本地地址"界面中，输入本实验设定的 IP 地址"192.16.2.1"，该地址用于与实验虚拟机通信使用，输入子网掩码为"255.255.255.0"，类型默认为 float，如图 1-7 所示。

图 1-4　防火墙面板界面

图 1-5　编辑 ge2 接口

图 1-6　编辑 ge2 接口参数

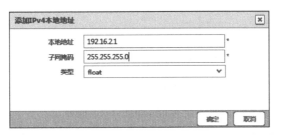

图 1-7   编辑 ge2 接口 IP 地址参数

（7）单击"确定"按钮，返回"编辑物理接口"界面，再单击"确定"按钮，关闭"编辑物理接口"界面。

（8）在本实验中 ge3 接口用于模拟连接 Web 服务器，因此将 ge3 接口 IP 设置为"172.16.3.1"，掩码"255.255.255.0"，安全域为 untrust，后续步骤按照此要求进行调整。在"编辑物理接口"界面中，"工作模式"选中"路由模式"单选按钮，单击本地地址列表中的 IPv4 标签列表中的"＋添加"按钮。如果已有 IP 地址设置，则单击 IP 地址右侧"操作"的笔形标志，视具体情况决定，其他保持默认配置，如图 1-8 所示。

图 1-8   编辑 ge3 接口参数

（9）在"添加 IPv4 本地地址"界面中，输入本实验设定的 IP 地址"172.16.3.1"，该地址用于与 Web 服务器通信使用，输入子网掩码为"255.255.255.0"，类型默认为 float，如图 1-9 所示。

图 1-9   编辑 ge3 接口 IP 地址参数

（10）单击"确定"按钮，返回"编辑物理接口"界面，确定接口的相关信息准确无误后，再单击"确定"按钮，返回"接口"界面，查看 ge2、ge3 接口信息，如图 1-10 所示。

图 1-10   查看 ge2、ge3 接口信息

（11）单击面板上方导航栏中的"策略配置"，单击左侧的"安全策略"。在"安全策略"界面中，单击"＋添加"按钮，添加安全策略，如图 1-11 所示。

图 1-11   添加安全策略

（12）在"添加安全策略"界面中，在"名称"中输入"全通策略"，其他保持默认配置，如图 1-12 所示。

图 1-12   编辑安全策略

（13）单击面板上导航栏中的"系统配置"，在"设备名称"中将设备名称修改为"下一代防火墙"，单击"确定"按钮，如图 1-13 所示。

图 1-13 修改设备名称

（14）在"时间"界面中单击"与本机同步"，单击"确定"按钮，如图 1-14 所示。

图 1-14 将设备时间与系统时间同步

（15）在 DNS 界面中的"首选 DNS 服务器"中输入"114.114.114.114"，"备选 DNS 服务器"中输入"8.8.8.8"，如图 1-15 所示。

图 1-15 设置 DNS

【实验预期】

（1）在防火墙主界面可见修改后的名称、时间、DNS。

（2）PC 成功访问 Web 服务器网站。

【实验结果】

1）查看设备名称、时间和 DNS

在学生机中打开浏览器，在地址栏中输入防火墙产品的 IP 地址 https：//10.0.0.1（以实际设备 IP 地址为准），进入防火墙的登录界面。输入管理员用户名 admin 和密码"!1fw@2soc♯3vpn"，登录防火墙。单击面板上方导航栏中的"系统配置"，在界面中可见"设备名称""时间"和"DNS"已经设置成功，如图 1-16 所示。

图 1-16　"系统设置"界面

2）PC 成功访问 Web 服务器网站

（1）登录实验拓扑下方的"192.16.2.100"，进入虚拟机 PC，如图 1-17 所示。

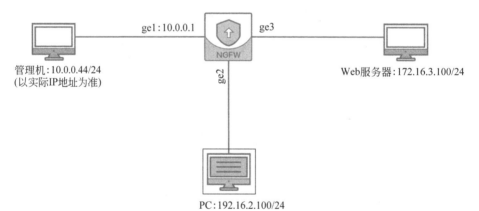

图 1-17　登录实验拓扑下方 PC

（2）在虚拟机中，双击桌面的"Mozilla FireFox"，在地址栏中输入"172.16.3.100"，按 Enter 键，成功访问 Web 服务器网站，如图 1-18 所示。

【实验思考】

（1）怎样将 DNS 服务器设置为"172.16.3.100"？

（2）为什么默认的直连登录方式是 CONSOLE 而不是 Telnet 或 SSH？

（3）为什么限制管理地址能较好地提高系统的安全管理性？

图 1-18　成功访问 Web 服务器网站

1.2　局域网常见基本网络设置

对于防火墙产品的网络部署,在中小规模的局域网中一般是完成客户端网络的接入控制和终端接入的控制,保证局域网用户可以通过防火墙正常上网,并进行有效的控制。常见的局域网基本网络设置包括防火墙 DHCP 设置和防火墙 IP-MAC 绑定。

1.2.1　防火墙 DHCP 设置实验

【实验目的】
管理员通过开启防火墙的 DHCP 服务为接入的客户端动态分配 IP 地址。

【知识点】
DHCP。

【场景描述】
在局域网环境,安全运维工程师收到员工反馈,办公计算机配置了 IP 地址之后无法上网,同时公司的一台 FTP 服务器也无法访问,安全运维工程师检查发现这个员工的办公计算机 IP 地址与 FTP 服务器的 IP 地址冲突了。安全运维工程师发现,现在的办公环境中,员工上网都是通过手动配置 IP 地址来实现的,这样的问题经常出现,请思考应如何通过配置防火墙解决这个问题。

【实验原理】

动态主机配置协议(Dynamic Host Configuration Protocol,DHCP)是一个局域网的网络协议。DHCP指的是由服务器控制一段IP地址,客户机开机时就可以自动获得服务器分配的IP地址和子网掩码。DHCP通常用于局域网环境,主要作用是集中管理和分配IP地址,计算机终端能动态获取IP地址、网关地址和DNS服务器地址等信息,并能够提升地址的使用率。DHCP服务器的主要作用是为网络客户机分配动态的IP地址。被分配的IP地址都是DHCP服务器预先保留的一个由多地址组成的地址集。

【实验设备】

- 安全设备:防火墙设备1台。
- 主机终端:Windows XP SP3主机1台,Windows 7主机1台。

【实验拓扑】

实验拓扑如图1-19所示。

ge1:10.0.0.1 ge2:172.16.2.1

NGFW

管理机:10.0.0.44/24   PC

图1-19 防火墙DHCP设置实验拓扑

【实验思路】

(1)配置防火墙接口IP地址。

(2)配置DHCP服务并开启DHCP服务。

(3)查看虚拟机PC是否被分配IP地址。

【实验要点】

理解局域网DHCP协议的工作原理。下一代防火墙支持全面的DHCP功能,可以作为DHCP服务器,为接入的客户端动态分配IP地址。同时在分配地址时,支持为固定的MAC地址分配固定的IP地址。单击"网络配置"→DHCP→DHCP,启用DHCP服务,并添加DHCP地址池,以实现自动为内网主机分配IP地址。

【实验步骤】

(1)～(3)登录并管理防火墙,检查防火墙的工作状态。

(4)单击面板上方导航栏中的"网络配置",单击ge2右侧"操作"中的笔形标志,编辑ge2接口。

(5)本实验中ge2接口模拟连接公司内部网络中的一台计算机,因此将ge2口IP设置为"172.16.2.1",掩码设置为"255.255.255.0",安全域设置为trust,后续步骤按照此要求进行调整。在"编辑物理接口"界面中,"工作模式"选中"路由模式"单选按钮,单击本地地址列表中的IPv4标签列表中的"＋添加"按钮。如果已有IP地址的设置,则单击IP

地址右侧"操作"的笔形标志,视具体情况决定。其他保持默认配置。

（6）在"添加 IPv4 本地地址"界面中,输入本实验设定的 IP 地址"172.16.2.1",该地

址用于与实验虚拟机通信使用,输入子网掩码为 "255.255.255.0",类型默认为 float,如图 1-20 所示。

图 1-20　编辑 ge2 接口 IP 地址参数

（7）单击"确定"按钮,返回"编辑物理接口"界面,再单击"确定"按钮,关闭"编辑物理接口"界面。单击面板上方的"网络配置",单击左侧的 DHCP→DHCP,在 DHCP 界面中,勾选"启用

DHCP 服务"复选框,在弹出的确认界面中单击"确认"按钮,在弹出的提示界面中单击 "确定"按钮,再单击"＋添加"按钮,添加 DHCP 策略。其他保持默认配置,如图 1-21 所示。

图 1-21　添加 DHCP 策略

（8）在"编辑 DHCP"界面中,设置"网络地址"为"172.16.2.0","网络掩码"为"255. 255.255.0","网关地址"为"172.16.2.1",DNS1 为"8.8.8.8","地址池列表"为"172.16. 2.11 至 172.16.2.40",其他保持默认配置,如图 1-22 所示。

【实验预期】

防火墙会为虚拟机 PC 分配 IP 地址。

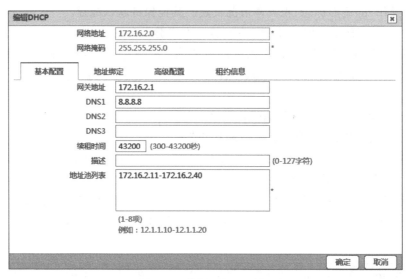

图 1-22　编辑 DHCP 界面

【实验结果】

（1）登录实验平台对应实验拓扑中右侧的虚拟机 PC，进入实验虚拟机 PC，如图 1-23 所示。

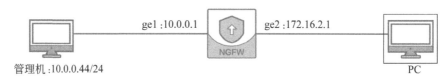

图 1-23　登录右侧虚拟机

（2）在虚拟机 PC 中，单击"开始"→"命令提示符"，输入命令 ipconfig，可看到本机被分配的 IP 地址是"172.16.2.11"，说明防火墙成功为虚拟机分配了 IP 地址，如图 1-24 所示。

图 1-24　命令提示符界面

（3）右击虚拟机 PC 右下角计算机图标,选择"打开网络连接",如图 1-25 所示。

图 1-25　打开网络连接

（4）在弹出的窗口中双击"本地连接"。在"本地连接 状态"界面中单击"支持"标签页,可见本机 IP 地址由 DHCP 指派,如图 1-26 所示。

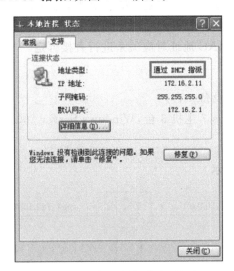

图 1-26　"本地连接 状态"界面

【实验思考】

（1）怎样设置,能让 PC 被随机分配到的地址为"172.16.2.100"至"172.16.2.200"?

（2）怎样将网关地址设为"172.16.2.254"?

（3）如果在局域网中有独立的 DHCP 服务器,防火墙是否支持客户端从 DHCP 服务器获取 IP 地址？

（4）防火墙的 DHCP 中继安全策略是否设置其他管控选项？

（5）如何完成防火墙的配置和备份？

1.2.2　防火墙 IP-MAC 绑定实验

【实验目的】

管理员可以通过防火墙地址绑定功能有效防止 IP 欺骗和 IP 地址盗用。

【知识点】

地址绑定、安全策略、动态 ARP、静态 ARP、MAC 地址。

【场景描述】

公司安全运维工程师发现有一个内网 IP 地址不断地向 A 公司内网服务器发起请求，后经分析是有恶意攻击者将主机 IP 地址伪装成内网 IP 地址，对内网服务器攻击，安全运维工程师须通过防火墙配置避免 IP 地址欺骗的事件发生。请思考应如何通过配置防火墙来实现这一需求。

【实验原理】

ARP（Address Resolution Protocol），即地址解析协议，是根据 IP 地址获得物理地址（Media Access Control，MAC）的一个 TCP/IP 协议。防火墙的静态 ARP 是用户手动添加的 IP 与 MAC 地址对应关系，防火墙支持手动基于安全域的 IP-MAC 绑定，也支持用户将 IP-MAC 探测中探测到的 IP-MAC 对应关系进行直接绑定，同时也可以从邻居表中将学习到的 IPv6 邻居及 MAC 地址对应关系进行直接绑定。

【实验设备】

- 安全设备：防火墙设备 1 台。
- 主机终端：Windows 7 主机 3 台，Windows Server 2003 SP1 主机 1 台。

【实验拓扑】

实验拓扑如图 1-27 所示。

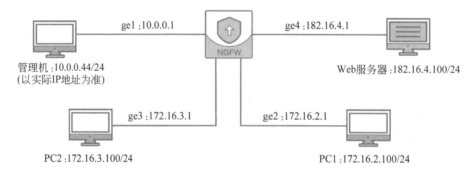

图 1-27　防火墙 IP-MAC 绑定实验拓扑

【实验思路】

（1）设置防火墙接口安全域。

（2）配置 IP-MAC 绑定的相关策略。

（3）PC 访问指定网址。

【实验要点】

理解 ARP 和 IP-MAC 地址绑定的工作原理。下一代防火墙管理员可以依次单击"网络配置"→"ARP"→"静态 ARP"手动添加；防火墙的动态 ARP 是防火墙动态学习到的。管理员可单击"策略配置"→"IP-MAC 绑定"，添加绑定策略，使防火墙根据收到报文的接口及报文的源 IP 地址匹配 IP-MAC 绑定策略，如果接口所属安全域和源 IP 都匹配 IP-MAC 策略，则比较 MAC 地址是否一致，一致则放行，不一致则阻断。

【实验步骤】

（1）～（3）登录并管理防火墙，检查防火墙的工作状态。

（4）单击面板上方导航栏中的"网络配置"，单击 ge2 右侧"操作"中的笔形标志，编辑 ge2 接口。

（5）本实验中 ge2 接口模拟连接公司内部网络中的一台计算机，因此将 ge2 口 IP 设置为"172.16.2.1"，掩码为"255.255.255.0"，安全域为 trust，后续步骤按照此要求进行调整。在"编辑物理接口"界面中，将"工作模式"设定为"路由模式"，单击本地地址列表中的 IPv4 标签列表中的"＋添加"按钮。如果已有 IP 地址的设置，则单击 IP 地址右侧"操作"的笔形标志，视具体情况决定。其他保持默认配置。

（6）在"添加 IPv4 本地地址"界面中，输入本实验设定的 IP 地址"172.16.2.1"，该地址用于与实验 PC1 通信使用，输入子网掩码为"255.255.255.0"，类型默认为 float，如图 1-28 所示。

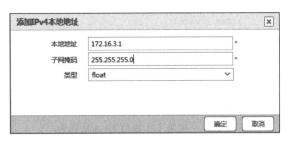

图 1-28　编辑 ge2 接口 IP 地址参数

（7）单击"确定"按钮，返回"编辑物理接口"界面，再单击"确定"按钮，关闭"编辑物理接口"界面。单击 ge3 右侧"操作"中的笔形标志，编辑 ge3 接口。本实验中，ge3 接口模拟连接公司内部网络中的一台计算机，因此将 ge3 口 IP 设置为"172.16.3.1"，掩码为"255.255.255.0"，安全域为 trust，后续步骤按照此要求进行调整。在"编辑物理接口"界面中，"工作模式"选中"路由模式"单选按钮，单击本地地址列表中的 IPv4 标签列表中的"＋添加"按钮。如果已有 IP 地址的设置，则单击 IP 地址右侧"操作"的笔形标志，视具体情况决定,其他保持默认配置。

(8) 在"添加 IPv4 本地地址"界面中,输入本实验设定的 IP 地址"172.16.3.1",该地址用于与实验 PC2 通信使用,输入子网掩码为"255.255.255.0",类型默认为 float,如图 1-29 所示。

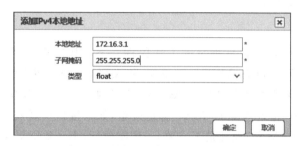

图 1-29　编辑 ge3 接口 IP 地址参数

(9) 单击"确定"按钮,返回"编辑物理接口"界面,再单击"确定"按钮,关闭"编辑物理接口"界面。单击 ge4 右侧"操作"中的笔形标志,编辑 ge4 接口。本实验中,ge4 接口模拟连接外部网络中的一台服务器,因此将 ge4 口 IP 设置为"182.16.4.1",掩码为"255.255.255.0",安全域为 untrust,后续步骤按照此要求进行调整。在"编辑物理接口"界面中,"工作模式"选中"路由模式"单选按钮,单击本地地址列表中的 IPv4 标签列表中的"＋添加"按钮。如果已有 IP 地址的设置,则单击 IP 地址右侧"操作"的笔形标志,视具体情况决定,其他保持默认配置。

(10) 在"添加 IPv4 本地地址"界面中,输入本实验设定的 IP 地址"182.16.4.1",该地址用于与 CMS 服务器通信使用,输入子网掩码为"255.255.255.0",类型默认为 float,如图 1-30 所示。

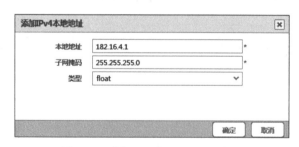

图 1-30　编辑 ge4 接口 IP 地址参数

(11) 单击"确定"按钮,返回"编辑物理接口"界面,再单击"确定"按钮,关闭"编辑物理接口"界面。单击面板上方导航栏中的"策略配置",单击左侧的"安全策略"。在"安全策略"界面中,单击"＋添加"按钮,添加安全策略,如图 1-31 所示。

(12) 在"添加安全策略"界面中,输入"名称"为"IP-MAC 绑定",设置"源安全域"为 trust,"目的安全域"为 untrust,如图 1-32 所示。

(13) 单击"确定"按钮,关闭"添加安全策略"界面。单击左侧的"IP-MAC 绑定",选择"探测"。在"探测"界面中,单击 ge2 右侧"操作"列的"开始探测"图标,如图 1-33 所示。

图 1-31　添加安全策略

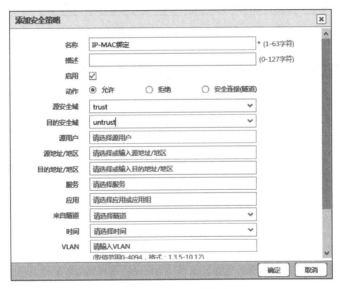

图 1-32　设置安全策略

（14）在 IP 设定界面中，输入"起始 IP"为"172.16.2.2"，"结束 IP"为"172.16.2.255"，如图 1-34 所示。

（15）单击"确定"按钮，返回"探测"界面，开始探测。当"探测进度"为 100% 时，探测完成，如图 1-35 所示。

（16）选择左侧的"探测结果"。在"探测结果"界面中，发现了一条记录，勾选 ge2 复选框，单击"批量绑定"按钮，在弹出的确认窗口中单击"确定"按钮，绑定此 IP 和 MAC，如图 1-36 所示。

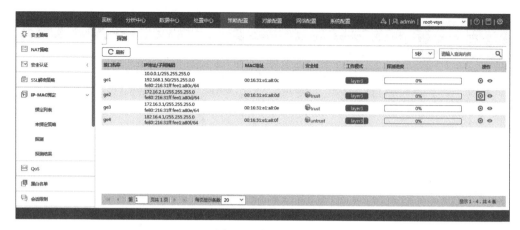

图 1-33　探测界面

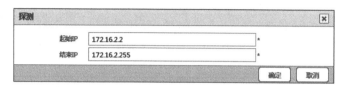

图 1-34　设定 IP 范围

图 1-35　探测完成

（17）选择左侧的"绑定列表"。在"绑定列表"界面中，发现一条已绑定好的记录，这条记录将 PC1 的 IP 和 MAC 绑定起来，如图 1-37 所示。

（18）选择左侧的"未绑定策略"，在"未绑定策略"界面中，单击"＋添加"按钮，添加未绑定策略，如图 1-38 所示。

（19）在"添加未绑定策略"界面中，设置"安全域"为 trust，"行为"选中"拒绝"单选按钮，"IP 类型"选中"IPv4"单选按钮，如图 1-39 所示。

（20）单击"确定"按钮，关闭"添加未绑定策略"界面。配置完成，此时安全域 trust 中 PC1 绑定了 IP 和 MAC，PC2 没有绑定 IP 和 MAC。

图 1-36　探测结果

图 1-37　绑定列表

【实验预期】

PC1 可以访问 CMS 服务器搭建的网站,而 PC2 无法访问。

【实验结果】

(1) 进入实验平台对应的实验拓扑,单击下方的计算机,进入 PC1,如图 1-40 所示。

图 1-38　添加未绑定策略

图 1-39　设置未绑定策略

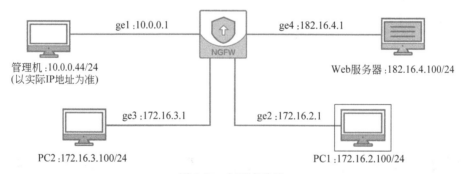

图 1-40　打开实验机

（2）在 PC1 中，单击"开始"→"命令提示符"，在"命令提示符"界面中，输入命令"ping 182.16.4.100"，发现可以 ping 通 CMS 服务器，如图 1-41 所示。

（3）返回实验拓扑，单击左侧的计算机，进入 PC2，单击"开始"→"命令提示符"，输入命令"ping 182.16.4.100"，发现不能 ping 通 CMS 服务器，说明防火墙的配置成功，如图 1-42 所示。

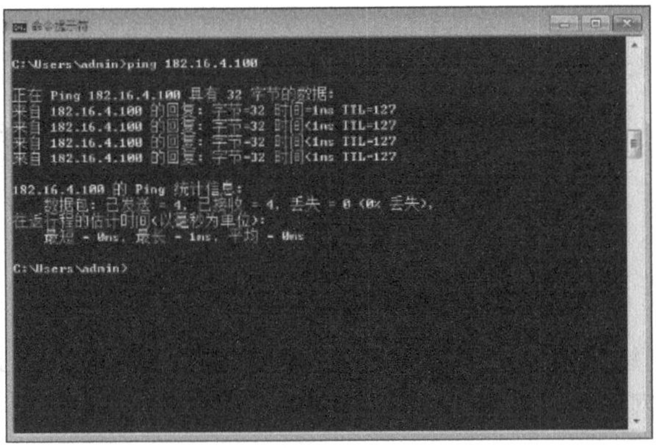

图 1-41 成功访问 CMS 服务器

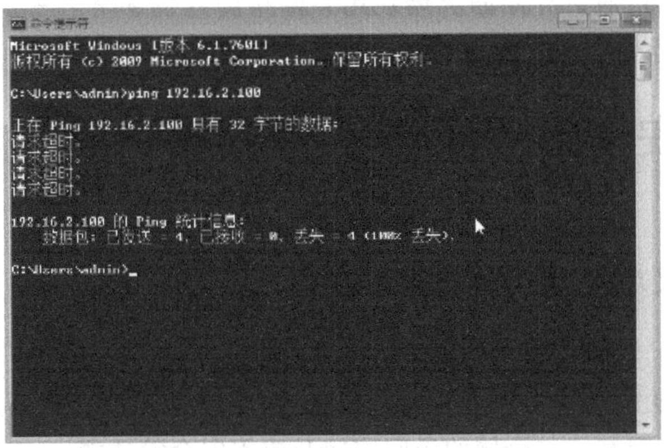

图 1-42 不能访问 CMS 服务器

【实验思考】

（1）怎样绑定 PC2 的 IP 和 MAC?

（2）若要使 PC2 能访问 CMS 服务器,而 PC1 不能访问 CMS 服务器,应如何设置?

第 2 章　防火墙网络部署

　　防火墙是不同网络安全域之间信息的唯一出入口，能根据企业的安全政策控制（允许、拒绝、监测）出入网络的信息流。在完成防火墙设备的基本配置之后，就可以使用防火墙的基本应用。

　　本章主要完成防火墙的安全域管理和安全策略管理的基本实现，包括防火墙安全域设置和安全策略设置；通过介绍防火墙在用户网络的常见部署方式，学习源 NAT、目的 NAT、地址黑名单等技术的原理和实际场景。

2.1　安全域管理与安全策略管理

2.1.1　防火墙安全域管理实验

【实验目的】

　　安全域作为防火墙逻辑控制架构的基本属性，防火墙管理员可以通过对防火墙接口进行安全域划分，实现基于安全域的访问控制及应用安全等功能。

【知识点】

　　安全域、安全策略。

【场景描述】

　　公司有一个需要与外包商合作的开发项目，为了项目沟通方便，要求外包人员在公司内部办公。为了保障内网的安全，领导要求这些外包人员不允许访问公司内部的业务系统和员工 PC，但同时，公司内部的人员需要访问外包人员的计算机，获取项目的开发资料，请思考安全运维工程师应如何通过配置防火墙解决这个问题。

【实验原理】

　　防火墙安全域功能是为了对接口进行区域划分，实现基于安全域的访问控制及应用安全等功能。

【实验设备】

- 安全设备：防火墙设备 1 台。
- 主机终端：Windows 7 主机 3 台。

【实验拓扑】

实验拓扑如图 2-1 所示。

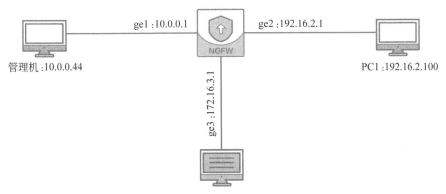

图 2-1　防火墙安全域设置实验拓扑

【实验思路】

（1）划分防火墙接口安全域。

（2）添加安全策略并引用安全域。

（3）被引用安全域中的 PC 之间进行相互通信。

（4）被引用安全域中的 PC 与未被引用的安全域中的 PC 进行相互通信。

【实验要点】

下一代防火墙默认安全域有五个区域，三个三层区域，trust，untrust，dmz，两个二层区域 trust，untrust。默认提供的五个安全域名称不允许修改，但是用户可以编辑安全域所属的类型及接口成员。用户也可以通过"网络配置"→"安全域"添加自定义安全域，在安全域列表中，用户可以查看安全域属于三层区域还是二层区域，及安全域中的接口成员。如果安全域在防火墙中被引用，用户可以查看到被引用的次数及引用模块。

【实验步骤】

（1）～（3），登录并管理防火墙，检查防火墙的工作状态。

（4）单击面板上方导航栏中的"网络配置"，单击 ge2 右侧"操作"中的笔形标志，编辑 ge2 接口。

（5）本实验中 ge2 接口模拟连接公司内部网络中的一台计算机，因此将 ge2 口 IP 设置为"192.16.2.1"，掩码为"255.255.255.0"，安全域为 trust，后续步骤按照此要求进行调整。在"编辑物理接口"界面中，"工作模式"选中"路由模式"单选按钮，单击本地地址列表中的 IPv4 标签列表中的"＋添加"按钮。如果已有 IP 地址的设置，则单击 IP 地址右侧"操作"的笔形标志，视具体情况决定。其他保持默认配置。

（6）在"添加 IPv4 本地地址"界面中，输入本实验设定的 IP 地址"192.16.2.1"，该地址用于与实验 PC 通信使用,输入子网掩码为"255.255.255.0",类型默认为 float,如图 2-2 所示。

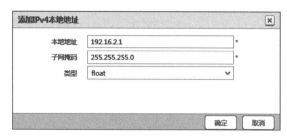

图 2-2　编辑 ge2 接口 IP 地址参数

(7) 单击"确定"按钮,返回"编辑物理接口"界面,再单击"确定"按钮,关闭"编辑物理接口"界面。

(8) 在本实验中,ge3 口用于模拟连接 PC,因此将 ge3 口 IP 设置为"172.16.3.1",掩码为"255.255.255.0",安全域为 untrust,后续步骤按照此要求进行调整。在"编辑物理接口"界面中,"工作模式"选中"路由模式"单选按钮,单击本地地址列表中的 IPv4 标签列表中的"＋添加"按钮。如果已有 IP 地址设置,则单击 IP 地址右侧"操作"的笔形标志,视具体情况决定。其他保持默认配置。

(9) 在"添加 IPv4 本地地址"中,输入本实验设定的 IP 地址"172.16.3.1",该地址用于与 PC 通信使用,输入子网掩码为"255.255.255.0",类型默认为 float,如图 2-3 所示。

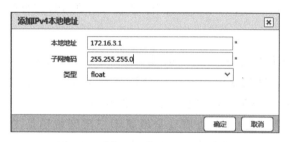

图 2-3　编辑 ge3 接口 IP 地址参数

(10) 单击"确定"按钮,返回"编辑物理接口"界面,确定接口的相关信息准确无误后,再单击"确定"按钮,返回"接口"界面。查看 ge2 和 ge3 接口信息,如图 2-4 所示。

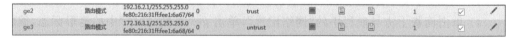

图 2-4　查看 ge2 和 ge3 接口信息

(11) 单击面板上方导航栏中的"策略配置",单击左侧的"安全策略"。在"安全策略"界面中,单击"＋添加"按钮,添加安全策略,如图 2-5 所示。

(12) 在"添加安全策略"界面中,输入"名称"为"安全域设置",设置"源安全域"为 trust,"目的安全域"为 untrust,其他保持默认配置,如图 2-6 所示。

(13) 单击"确定"按钮,关闭"添加安全策略"界面。

图 2-5　添加安全策略

图 2-6　设置安全策略

【实验预期】

(1) 安全策略中引用的安全域中的 PC 可以按照规则通信。

(2) 安全策略中引用的安全域中的 PC 与其他安全域中的 PC 无法通信。

【实验结果】

1) 安全策略中引用的安全域中的 PC 可以按照规则通信

(1) PC1 属于 trust 安全域,PC2 属于 untrust 安全域。此时按照规则,PC1 能 ping

通 PC2,但 PC2 无法 ping 通 PC1。进入实验平台对应的实验拓扑,单击右侧的计算机,进入 PC1,如图 2-7 所示。

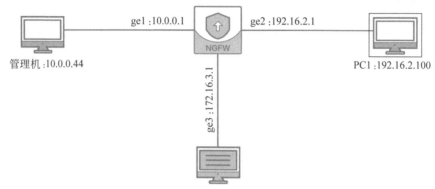

图 2-7　打开实验 PC

（2）在 PC1 中,单击"开始"→"命令提示符"。在"命令提示符"界面中,输入命令"ping 172.16.3.100",发现可以 ping 通 PC2。如图 2-8 所示。

图 2-8　成功访问 PC2

（3）返回实验拓扑,单击下方的计算机,进入 PC2,单击"启动"→"命令提示符",输入命令"ping 192.16.2.100",发现不能 ping 通 PC1。被引用安全域中的 PC 能按照规则通信,如图 2-9 所示。

2）安全策略中引用的安全域中的 PC 与其他安全域中的 PC 无法通信

（1）在管理机打开浏览器,在地址栏中输入防火墙产品的 IP 地址"https://10.0.0.1"（以实际设备 IP 地址为准）,进入防火墙的登录界面。输入管理员用户名 admin 和密码"!1fw@2soc#3vpn"登录防火墙。单击面板上方导航栏中的"网络配置",单击左侧的"接口"。在"接口"界面中,单击 ge3 右侧"操作"中的笔形标志,编辑 ge3 接口,如图 2-10 所示。

（2）在"编辑物理接口"界面,设置"安全域"为 dmz,其他保持不变,单击"确定"按钮。此时 ge3 口的安全域不在安全策略中,即 PC2 所属安全域不在安全策略中。此时 PC1 无法和 PC2 互相通信,如图 2-11 所示。

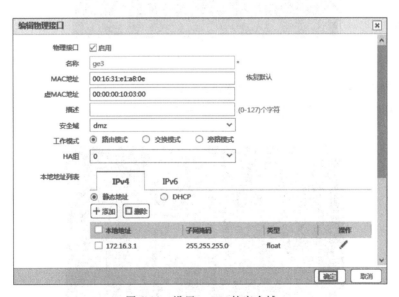

图 2-9　不能访问 PC1

图 2-10　编辑 ge3 接口

图 2-11　设置 ge3 口的安全域

（3）进入实验平台对应的实验拓扑，单击右侧的计算机，进入 PC1，如图 2-12 所示。

（4）在 PC1 中，单击"启动"→"命令提示符"，输入命令"ping 172.16.3.100"，发现不

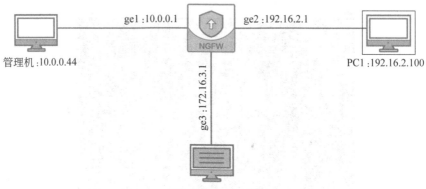

图 2-12　打开实验 PC

能 ping 通 PC2,如图 2-13 所示。

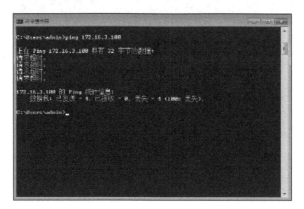

图 2-13　访问 PC2 失败

（5）返回实验拓扑,单击右侧的计算机,进入 PC2,单击“启动”→“命令提示符”,输入命令“ping 192.16.2.100”,发现不能 ping 通 PC1,如图 2-14 所示。

图 2-14　不能访问 PC1

【实验思考】

（1）怎样设置可使得 PC1 和 PC2 可以互相访问？

（2）怎样设置可使得 PC1 和 PC2 无论在属于什么安全域的条件下都能互相访问？

2.1.2　防火墙安全策略管理实验

【实验目的】

根据企业内部不同的安全需求制定不同的防火墙安全策略，并防止冗余策略的出现。

【知识点】

安全策略、策略冗余。

【实验场景】

A 公司购入一台防火墙设备，公司不同部门的安全要求是不同的，并在每个部门设置一个管理员，设置各自部门的安全策略，例如，采购一部不允许访问亚马逊网站，采购二部允许访问亚马逊网站。最近安全运维工程师发现，采购一部的同事也可以访问亚马逊网站，安全部门经理要求安全运维工程师处理该问题并复现配置过程。请思考应如何复现并处理安全策略的问题。

【实验原理】

安全策略是防火墙的核心功能，它提供了多种维度，比如源 IP、目的 IP、源安全域、目的安全域、服务、应用、时间、地域、用户等多种过滤功能，可以根据自身的需要设置相应的安全策略，对经过防火墙的数据进行过滤。通常情况下，防火墙会从上到下按照顺序匹配安全策略，一旦有一条安全策略匹配后，将不再向下匹配，而在企业业务繁多的情况下，安全策略的条目会随着企业的业务丰富而增多，容易产生重复配置、配置错误、规则顺序错误、冲突的安全策略，这类型安全策略称为"冗余策略"，防火墙平台会检测到冗余策略，管理员可以根据实际情况及防火墙的建议进行调整或删除冗余策略。

【实验设备】

- 安全设备：防火墙设备 1 台。
- 主机终端：Windows 7 主机 1 台。

【实验拓扑】

实验拓扑如图 2-15 所示。

管理机：10.0.0.44/24　　　　　ge1：10.0.0.1

图 2-15　防火墙安全策略管理实验拓扑

【实验思路】

（1）配置安全策略。

（2）删除冗余策略。

【实验要点】

配置防火墙策略需要精确设置，安全策略应精确到五元组设置。

【实验步骤】

（1）～（3），登录并管理防火墙，检查防火墙的工作状态。

（4）单击"策略配置"→"安全策略"，进入安全策略界面，如图 2-16 所示。

图 2-16　安全策略界面

（5）单击"安全策略"→"添加"，即可创建新的安全策略，如图 2-17 所示。

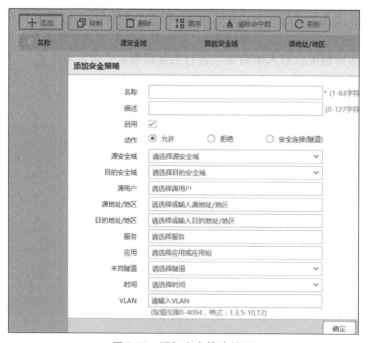

图 2-17　添加安全策略界面

【实验预期】

（1）管理员根据需求设置防火墙安全策略。

（2）对防火墙冗余的安全策略进行调整或者修改。

【实验结果】

1）设置安全策略

（1）在"添加安全策略"界面中填写详细信息,在"名称"中输入"采购一部访问亚马逊",在"描述"中输入"采购一部临时采购图书需要访问亚马逊",勾选"启用"复选框,"动作"选中"允许"单选按钮,"源安全域"设置为 trust,"目的安全域"设置为 untrust,"源地址/地区"设置为"中国","目的地址/地区"设置为"中国","服务"设置为 HTTP,HTTPS,"应用"设置为"亚马逊",在 VLAN 中输入"1-100","流量日志"勾选"会话开始"复选框,其他保持默认配置,如图 2-18 所示。

图 2-18　审查管理员登录

（2）单击"确定"按钮,添加成功,如图 2-19 所示。

图 2-19　添加安全策略成功

（3）在"安全策略"界面中,单击"＋添加"按钮,再添加一条安全策略,如图 2-20 所示。

（4）在"添加安全策略"界面中填写详细信息,在"名称"中输入"采购二部访问亚马逊",在"描述"中输入"采购二部采购图书需要访问亚马逊",勾选"启用"复选框,"动作"选中"允许"单…

图 2-20 添加安全策略

选按钮,"源安全域"设置为 trust,"目的安全域"设置为 untrust,"源地址/地区"设置为"中国",
"目的地址/地区"设置为"中国","服务"设置为 HTTP,HTTPS,"应用"设置为"亚马逊",在
VLAN 中输入"1-10","流量日志"勾选"会话开始"复选框,其他保持默认配置,如图 2-21 所示。

图 2-21 编辑安全策略

(5)单击"确定"按钮,返回"安全策略"界面,设置安全策略完成,如图 2-22 所示。

图 2-22 添加安全策略成功

(6)综上所述,管理员可正常添加安全策略,满足预期要求。

2）防火墙识别冗余策略，对冗余策略进行管理

（1）单击面板上方导航栏中的"策略配置"，单击"安全策略"，在"安全策略"界面中，列出添加的两个安全策略，如图 2-23 所示。

图 2-23　查看安全策略

（2）单击"冗余策略"，防火墙识别"采购二部访问亚马逊"是冗余策略，如图 2-24 所示。

图 2-24　冗余策略界面

（3）说明"采购二部访问亚马逊"安全策略和已有的其他安全策略存在冗余。比较它和"采购一部访问亚马逊"安全策略的配置，可见"采购一部访问亚马逊"安全策略的 VLAN 范围包含了"采购二部访问亚马逊"安全策略的 VLAN，其他配置完全相同，并且"采购二部访问亚马逊"安全策略在"采购一部访问亚马逊"安全策略后面，所以防火墙"采购二部访问亚马逊"安全策略是冗余的，如图 2-25 所示。

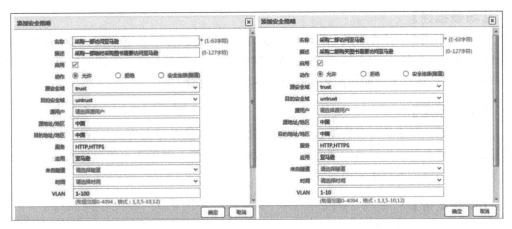

图 2-25　比较安全策略

（4）可以删除"采购二部访问亚马逊"安全策略来解决冗余问题。

（5）综上所述，防火墙可对安全策略中的冗余策略进行识别，满足预期要求。

【实验思考】

（1）目前需要过滤来自"内蒙古"的数据,安全运维工程师应该对安全策略进行怎样的修改?

（2）怎样配置可以使安全策略只在每天的 1：00～5：00 时间段生效?

2.2 部署方式

防火墙作为最主要的边界安全防护设备,主要部署模式包括路由模式和透明模式,其中,路由模式是防火墙最为常见的工作模式,本节主要基于防火墙在路由工作模式下的单出口和多出口环境进行说明。

防火墙的部署方式必须首先了解网络的架构,连接的方式,并基于网络现状规划当前网络与防火墙产品的互联方式。主要的设备部署步骤如下:

（1）了解网络拓扑,确定防火墙的部署方式。

（2）根据网络设备的接入方式,规划防火墙的接口连接关系和接口所属的安全域。

（3）根据网络架构规划防火墙路由表。

（4）调研网络访问需求,规划防火墙访问控制策略。

2.2.1 防火墙网关单出口部署实验

【实验目的】

防火墙作为内网网关,通过配置防火墙,实现内网用户通过防火墙访问外网。

【知识点】

网关、安全域、安全策略、网络拓扑。

【场景描述】

A 公司新成立一个办事处,需要安全运维工程师为新办事处部署防火墙,并配置防火墙的接口、对象配置、安全策略、静态路由等相关功能,实现办事处内部主机通过防火墙访问外部网络,请思考应如何配置防火墙的网关出口设置。

【实验原理】

静态或默认路由是实现数据包转发的最简单方式,静态路由将去往特定目的网络的流量转发给路由条目中明确指定的某个下一跳直连设备。对于防火墙设备直连的网络,无须配置任何路由条目来实现转发。

【实验设备】

- 安全设备：防火墙设备 1 台。
- 网络设备：路由器 1 台,二层交换机 1 台。
- 主机终端：Windows Server 2003 SP2 主机 1 台,Windows XP 主机 1 台,Windows 7 主机 1 台。

【实验拓扑】

实验拓扑如图 2-26 所示。

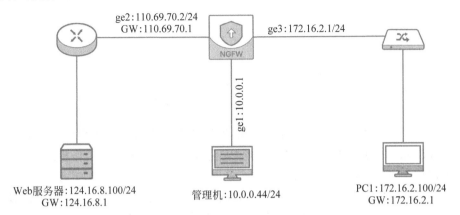

图 2-26　防火墙网关单出口实验拓扑

【实验思路】

（1）配置防火墙接口和安全域。

（2）配置对象管理。

（3）配置安全策略。

（4）配置静态路由。

（5）配置源 NAT 转换。

（6）内网主机可访问外网 Web 服务器。

【实验要点】

在防火墙的"网络配置"中，静态路由时手动配置的路由条目，在网络环境不复杂、维护路由条目不多、网络环境比较稳定的前提下，通过静态路由可实现数据转发的精确控制，也是动态路由的有效补充。到达同一个目的 IP 地址可以指定最多八条静态路由。可利用"策略配置"中的源 NAT 策略，使得内网用户访问外网时，数据包经过防火墙的源 NAT 策略转换，隐藏内部的 IP 地址和网络信息，提高内部网络的安全性。

【实验步骤】

（1）～（3），登录并管理防火墙，检查防火墙的工作状态。

（4）配置网络接口。单击面板上方导航栏中的"网络配置"→"接口"，显示当前接口列表，单击 ge2 右侧"操作"中的笔形标志，编辑 ge2 接口设置。

（5）在弹出的"编辑物理接口"界面中，ge2 是模拟连接 Internet 的接口，因此"安全域"设置为 untrust，"工作模式"选中"路由模式"单选按钮，在"本地地址列表"中的 IPv4 标签栏中，单击"＋添加"按钮。

（6）在弹出的"添加 IPv4 本地地址"界面中，在"本地地址"中输入 ge2 对应的 IP 地址"110.69.70.2"，"子网掩码"输入"255.255.255.0"，"类型"设置为 float，如图 2-27 所示。

（7）单击"确定"按钮，返回"编辑物理接口"界面，确认 ge2 接口信息是否无误。

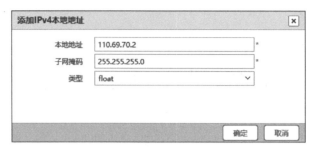

图 2-27　输入 ge2 对应 IP 地址

（8）单击"确定"按钮，返回"接口"列表，继续单击 ge3 右侧的笔形标志，编辑 ge3 接口信息。ge3 接口模拟连接公司内网，因此"安全域"设置为 trust，"工作模式"选中"路由模式"单选按钮，在"本地地址列表"一栏中，单击 IPv4 一栏中的"＋添加"按钮。

（9）在弹出的"添加 IPv4 本地地址"界面中，"本地地址"输入 ge3 对应的 IP 地址"172.16.2.1"，"子网掩码"输入"255.255.255.0"，如图 2-28 所示。

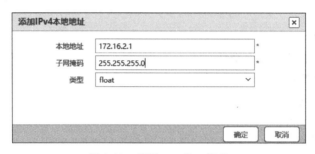

图 2-28　编辑 ge3 接口信息

（10）单击"确定"按钮，返回"编辑物理接口"界面，确认 ge3 接口信息是否无误。

（11）单击"确定"按钮，返回"接口"界面，查看 ge2 和 ge3 接口信息，如图 2-29 所示。

图 2-29　"接口"列表

（12）网络接口设置完成后，进行对象配置。单击上方导航栏中的"对象配置"→"地址"→"地址"，显示当前的地址对象列表，如图 2-30 所示。

（13）单击"＋添加"按钮，在弹出的"添加地址"界面中，在"名称"中输入"内网地址段"，在"IP 地址"中输入 ge3 口对应的 IP 地址段"172.16.2.0/24"，如图 2-31 所示。

（14）单击"确定"按钮，返回"地址"列表中，可查看添加的内网地址段对象，如图 2-32 所示。

（15）配置地址对象后，配置基础安全策略。单击上方导航栏中的"策略配置"→"安全策略"，显示当前的安全策略列表，如图 2-33 所示。

图 2-30　"地址"界面

图 2-31　添加内网地址段对象

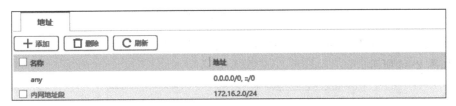

图 2-32　地址对象列表

图 2-33　安全策略列表

（16）单击"＋添加"按钮,在弹出的"添加安全策略"界面中,在"名称"中输入"内网访问外网","动作"选中"允许"单选按钮,"源安全域"设置为 trust,"目的安全域"设置为 un-trust,"源地址/地区"设置为"内网地址段","目的地址/地区""服务""应用"均设置为 any,如图 2-34 所示。

（17）单击"确定"按钮,返回"安全策略"列表,可查看添加的安全策略,如图 2-35 所示。

图 2-34　添加基本安全策略

图 2-35　安全策略列表

（18）配置静态路由。单击"网络配置"→"路由"→"静态路由"，显示当前的静态路由列表，如图 2-36 所示。

图 2-36　静态路由列表

（19）单击"＋添加"按钮，在弹出的"添加静态路由"界面中，"目的地址/掩码"保留默认的"0.0.0.0/0.0.0.0"，"类型"选中"网关"单选按钮，在"网关"中输入 ge2 口外接的路由器 IP 地址"110.69.70.1"，如图 2-37 所示。

图 2-37　添加静态路由

（20）确认无误后，单击"确定"按钮，返回静态路由列表，可查看添加的静态路由信息，如图 2-38 所示。

图 2-38　静态路由列表

（21）配置源 NAT 策略。单击上方导航栏中"策略配置"→"NAT 策略"→"源NAT"，显示当前的源 NAT 策略列表，如图 2-39 所示。

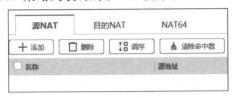

图 2-39　源 NAT 策略列表

（22）单击"＋添加"按钮，在弹出的"添加源 NAT"界面中，在"名称"中输入"内网地址转换"，在"转换前匹配"一栏中，"源地址类型"选中"地址对象"单选按钮，"源地址"设置为"内网地址段"，"目的地址类型"选中"地址对象"单选按钮，"目的地址""服务""出接口"均设置为 any；在"转换后匹配"一栏中，"地址模式"选中"动态地址"单选按钮，"类型"设置为"BY_ROUTE"，如图 2-40 和图 2-41 所示。

图 2-40　配置源 NAT 策略

（23）确认无误后，单击"确定"按钮，返回源 NAT 策略列表，可查看添加的源 NAT策略，如图 2-42 所示。

图 2-41   配置源 NAT 策略（转换后）

图 2-42   源 NAT 策略列表

（24）防火墙完成基本上网配置。

【实验预期】

内网 PC 可正常浏览外网 Web 服务器。

【实验结果】

（1）登录实验平台中对应实验拓扑右侧的虚拟机，进入 PC1，如图 2-43 所示。

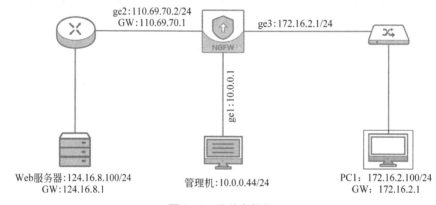

图 2-43   登录虚拟机

（2）双击桌面的火狐浏览器快捷图标，运行火狐浏览器，如图 2-44 所示。

图 2-44   运行火狐浏览器

（3）在地址栏中输入 Web 服务器的 IP 地址"124.16.8.100"，可正常显示网页内容，如图 2-45 所示。

图 2-45　访问 Web 服务器

（4）综上所述，内网主机可正常访问外网 Web 服务器，满足预期要求。

【实验思考】

（1）静态路由的权重值有什么作用？

（2）防火墙本身流出去的流量是否可以通过其他路由策略进行配置？

2.2.2　防火墙桥接口部署实验

【实验目的】

管理员通过添加桥，绑定桥与物理接口，新建桥接口并配置相应参数，从而实现路由桥的数据转发功能。

【知识点】

桥、桥接口、安全策略。

【场景描述】

A 公司有两个产品部门，产品部 B 和产品部 C，由于业务的敏感性比较高，不允许两个部门互相通信访问，为实现此需求，公司采购了一台防火墙来实现两个部门所在局域网的隔离；后来由于业务需求，产品部 B 与产品部 C 合并，现在经理要求安全运维工程师在不改变网络架构的情况下，对防火墙的配置进行调整，实现产品部 B 与产品部 C 可以互相通信，请思考应怎样配置防火墙才能满足经理的要求。

【实验原理】

防火墙作为网桥时，工作在数据链路层。一个桥类似一个 vlan，对接同一桥的设备，只能在该桥内进行二层转发。不开启虚拟线路桥的桥可以绑定桥接口,作为三层接口管理防火墙。

【实验设备】

- 安全设备:防火墙设备 1 台。
- 主机终端:Windows 7 主机 3 台。

【实验拓扑】

实验拓扑如图 2-46 所示。

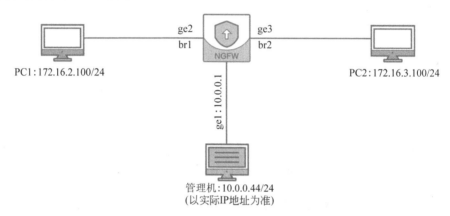

图 2-46　防火墙桥接口配置实验拓扑

【实验思路】

(1) 添加桥,绑定桥和物理接口。

(2) 新建并配置桥接口。

(3) 添加一条全通安全策略。

(4) PC1 与 PC2 互相 ping。

【实验要点】

下一代防火墙管理员可以单击"网络配置"→"桥",添加桥,单击"网络配置"→"接口",绑定桥和物理接口,并添加、配置桥接口,最后单击"策略配置"→"安全策略",添加安全策略,实现路由桥的数据转发功能。

【实验步骤】

(1)～(3),登录并管理防火墙,检查防火墙的工作状态。

(4) 单击面板上方导航栏中的"网络配置",单击左侧的"桥",在"桥"界面中,单击"＋添加"按钮,添加桥,如图 2-47 所示。

(5) 在"编辑桥"界面,"桥 ID"设置为 1,"HA 组"设置为 0,不勾选"虚拟线路桥"复选框,如图 2-48 所示。

(6) 单击"确定"按钮,返回"桥"界面,单击"＋添加"按钮,添加桥。在"编辑桥"界面

图 2-47 添加桥

图 2-48 编辑桥

中,"桥 ID"设置为 2,"HA 组"设置为 0,不勾选"虚拟线路桥"复选框,如图 2-49 所示。

图 2-49 添加桥

(7) 单击面板上方的"网络配置",单击左侧的"接口",在"接口"界面单击 ge2 右侧"操作"中的笔形标志,编辑 ge2 接口,如图 2-50 所示。

(8) 在"编辑物理接口"界面,"工作模式"选中"交换模式"单选按钮,"模式"选中 Bridge 单选按钮,"桥"设置为 br1。其他保持默认配置,如图 2-51 所示。

(9) 单击"确定"按钮,返回"接口"界面,单击 ge3 右侧"操作"中的笔形标志,编辑 ge3 接口。在"编辑物理接口"界面中,"工作模式"选中"交换模式"单选按钮,"模式"选中 Bridge 单选按钮,"桥"设置为 br2。其他保持默认配置,如图 2-52 所示。

图 2-50　编辑 ge2 接口

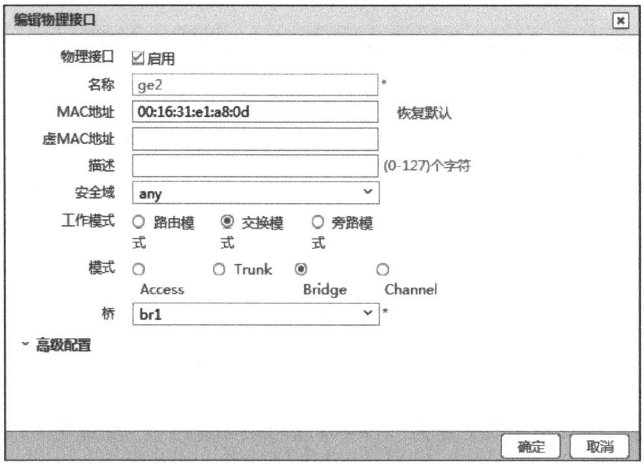

图 2-51　编辑物理接口 ge2

图 2-52　编辑物理接口 ge3

（10）单击"确定"按钮，返回"接口"界面。单击"＋添加"按钮，选择"桥接口"，添加桥接口，如图 2-53 所示。

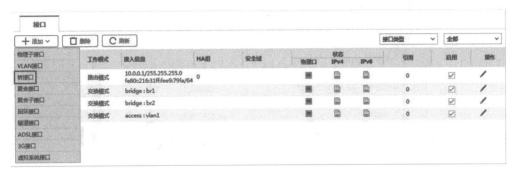

图 2-53 添加桥接口

（11）在"编辑桥接口"界面中，勾选"启用"复选框，"桥"设置为 br1，其他保持默认配置，单击"＋添加"按钮，如图 2-54 所示。

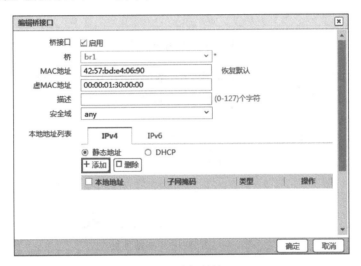

图 2-54 编辑桥接口

（12）在"添加 IPv4 本地地址"界面中，在"本地地址"中输入"172.16.2.1"，"子网掩码"中输入"255.255.255.0"，"类型"设置为 float，如图 2-55 所示。

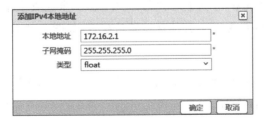

图 2-55 添加 IPv4 本地地址

（13）单击"确定"按钮，返回"编辑桥接口"界面，单击"确定"按钮，返回"接口"界面。单击"＋添加"按钮，选择"桥接口"，添加桥接口。在"编辑桥接口"界面中，勾选"启用"复选框，"桥"设置为 br2，其他保持默认配置，单击"＋添加"按钮，如图 2-56 所示。

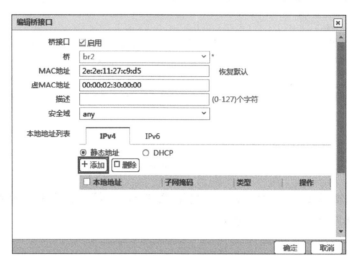

图 2-56　编辑桥接口

（14）在"添加 IPv4 本地地址"界面中，在"本地地址"中输入"172.16.3.1"，"子网掩码"中输入"255.255.255.0"，"类型"设置为 float，如图 2-57 所示。

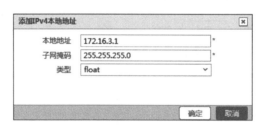

图 2-57　添加 IPv4 本地地址

（15）单击"确定"按钮，返回"编辑桥接口"界面，单击"确定"按钮，返回"接口"界面。单击面板上方的"策略配置"，单击左侧的"安全策略"，在"安全策略"界面中单击"＋添加"按钮，如图 2-58 所示。

（16）在"编辑安全策略"界面中，在"名称"中输入"全通安全策略"，"源安全域"设置为 any，"目的安全域"设置为 any，其他保持默认配置，如图 2-59 所示。

【实验预期】

PC1 可以与 PC2 互相 ping 通，并且在"网络配置"→"MAC"下可以查到动态 MAC，在 ARP 下可以查到动态 ARP。

【实验结果】

（1）在学生本地机打开浏览器，在地址栏中输入防火墙产品的 IP 地址"https：//10.

图 2-58　添加安全策略

图 2-59　编辑安全策略

0.0.1"(以实际设备 IP 地址为准),进入防火墙的登录界面。输入管理员用户名 admin 和密码"!1fw@2soc♯3vpn"登录防火墙。单击面板上方的"网络配置",单击左侧的 ARP→"动态 ARP",在"动态 ARP"界面中,单击"全部清除"按钮,如图 2-60 所示。

（2）单击面板上方的"网络配置",单击左侧的 MAC→"动态 MAC",在"动态 MAC"界面中,单击"全部清除"按钮,如图 2-61 所示。

（3）登录实验平台对应实验拓扑中左侧的计算机,进入虚拟机 PC1,如图 2-62 所示。

图 2-60　清除 ARP

图 2-61　清除 MAC

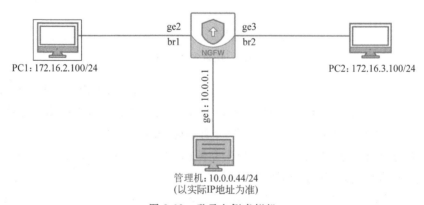

图 2-62　登录左侧虚拟机

（4）在虚拟机中打开 IE 浏览器，单击"开始"→"命令提示符"，在弹出的界面中输入命令"ping 172.16.3.100"，如图 2-63 所示。

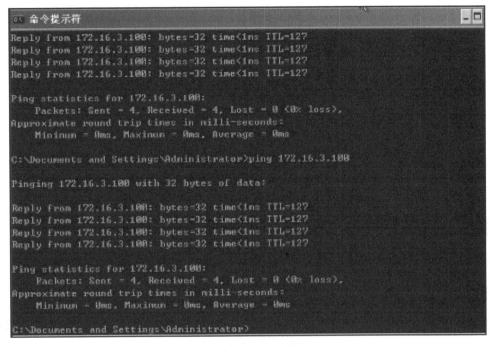

图 2-63　命令提示符界面 1

（5）在管理机打开浏览器，在地址栏中输入防火墙产品的 IP"地址 https：//10.0.0.1"（以实际设备 IP 地址为准），进入防火墙的登录界面。输入管理员用户名 admin 和密码"!1fw@2soc♯3vpn"登录防火墙。单击面板上方的"网络配置"，单击左侧的 ARP→"动态 ARP"，在"动态 ARP"界面中看到增加的 ARP 记录，如图 2-64 所示。

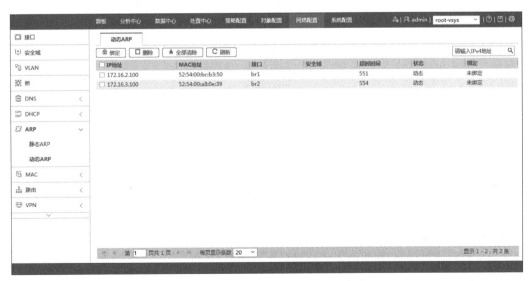

图 2-64　ARP 记录

（6）单击面板上方的“网络配置”，单击左侧的 MAC→“动态 MAC”，在“动态 MAC”界面中看到新增加的 MAC 记录，如图 2-65 所示。

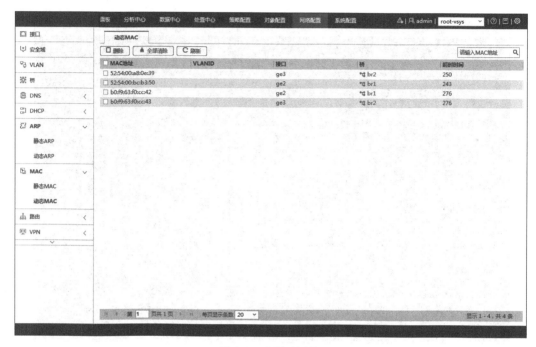

图 2-65　MAC 记录

（7）登录实验平台对应实验拓扑中右侧的计算机，进入虚拟机 PC2，如图 2-66 所示。

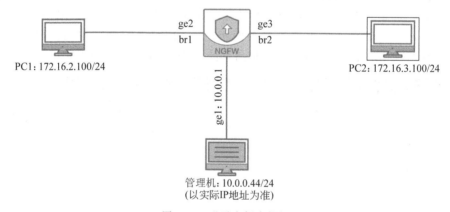

图 2-66　登录右侧虚拟机

（8）在虚拟机中单击“开始”→“命令提示符”，在弹出的界面中输入命令“ping 172.16.2.100”，发现可以 ping 通，如图 2-67 所示。

【实验思考】

（1）配置路由桥时，是为防火墙的哪种接口配置 IP 的？

（2）怎样为防火墙增加桥接口？

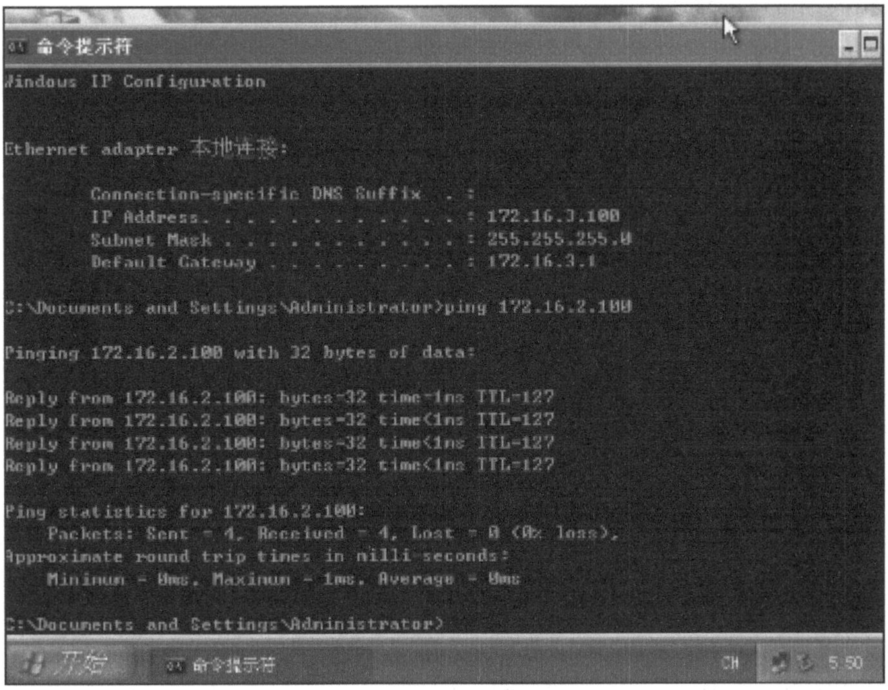

图 2-67　命令提示符界面 2

2.2.3　防火墙网关多出口部署实验

【实验目的】

在外网有多个出口情况下,配置防火墙接口设置,使得每条出口对应防火墙的一个接口,配置防火墙接口参数,使得内网用户通过多条出口上网。

【知识点】

静态路由、源 NAT、ISP 路由、安全域、安全策略。

【场景描述】

A 公司为了给员工提供更好的上网环境,在原来的基础上又申请了另外一条宽带线路,新增的这条线路和原来的线路不是同一家运营商。现在领导要求员工可以通过两条线路上网,且目前公司的网络出口有一台防火墙。请思考应如何通过配置防火墙实现多出口上网的需求。

【实验原理】

企业信息系统面临内网多用户、多 ISP 出口时,需要对网络环境进行优化配置,通过对防火墙物理接口的设置以及安全域、安全策略等参数的配置,可以实现单 ISP 多出口、多 ISP 多出口等情况进行设置。防火墙中预置了常见 ISP(中国电信、中国联通、中国移动、教育网)的主要成员路由,还可以通过自定义 ISP 信息实现额外的添加。通过多出口配置,不仅能负载用户数据,还可以在多个出口间实现备份,当其中一个出口出现问题时,可以使用其他出口进行通信。

【实验设备】

- 安全设备：防火墙设备 1 台。
- 网络设备：2 层交换机 1 台。
- 主机终端：Windows Server 2003 SP2 主机 2 台，Windows XP 主机 1 台，Windows 7 主机 1 台。

【实验拓扑】

实验拓扑如图 2-68 所示。

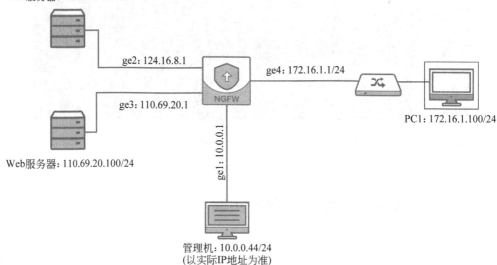

图 2-68　防火墙网关多出口部署实验拓扑

【实验思路】

（1）配置防火墙接口地址。

（2）配置接口所属安全域。

（3）配置防火墙安全策略。

（4）配置静态路由及 ISP 路由。

（5）配置源地址转换。

（6）内网主机可访问不同出口 Web 服务器。

【实验要点】

理解防火墙多出口工作原理，理解防火墙不同类型路由工作的优先级。下一代防火墙管理员可依次单击"网络配置"→"路由"→"策略路由"，选择"ISP 路由"完成相关路由配置。

【实验步骤】

（1）～（3），登录并管理防火墙，检查防火墙的工作状态。

（4）配置网络接口。单击面板上方导航栏中的"网络配置"→"接口",显示当前接口列表,单击 ge2 右侧"操作"中的笔形标志,编辑 ge2 接口设置。

（5）在弹出的"编辑物理接口"界面中,ge2 是模拟连接 Internet 的接口之一,因此"安全域"设置为 untrust,"工作模式"选中"路由模式"单选按钮,在"本地地址列表"中的"IPv4"标签栏中,单击"＋添加"按钮。

（6）在弹出的"添加 IPv4 本地地址"界面中,在"本地地址"中输入 ge2 对应的 IP 地址"124.16.8.1","子网掩码"输入"255.255.255.0","类型"设置为 float,如图 2-69 所示。

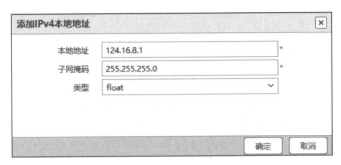

图 2-69　输入 ge2 对应 IP 地址

（7）单击"确定"按钮,返回"编辑物理接口"界面,确认 ge2 接口信息是否无误。

（8）单击"确定"按钮,返回"接口"列表,继续单击 ge3 右侧的笔形标志,编辑 ge3 接口信息。ge3 接口与 ge2 接口性质相同,均为模拟连接 Internert 的接口,因此其"安全域"设置为 untrust,"工作模式"选中"路由模式"单选按钮,在"本地地址列表"中的"IPv4"标签页中,单击"＋添加"按钮。

（9）在弹出的"添加本地 IPv4 本地地址"界面中,在"本地地址"中输入 ge3 口对应 IP 地址"110.69.20.1","子网掩码"输入"255.255.255.0","类型"设置为 float,如图 2-70 所示。

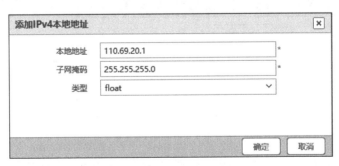

图 2-70　编辑 ge3 接口信息

（10）单击"确定"按钮,返回"编辑物理接口"界面,确认 ge3 接口信息是否无误。

（11）单击"确定"按钮,返回"接口"列表,单击 ge4 右侧的笔形标志,编辑 ge4 接口信息。ge4 口接入公司内网,因此"安全域"设置为 trust,"工作模式"选中"路由模式"单选按钮,单击"本地地址列表"中的"IPv4"标签页,单击"＋添加"按钮。

（12）在弹出的"添加 IPv4 本地地址"界面中，在"本地地址"中输入 ge4 接口对应的内网 IP 地址"172.16.1.1"，"子网掩码"输入"255.255.255.0"，"类型"设置为 float，如图 2-71 所示。

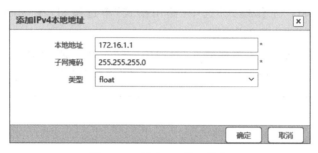

图 2-71　配置 ge4 接口信息

（13）单击"确定"按钮，返回"编辑物理接口"界面，确认 ge4 接口信息是否无误。

（14）单击"确定"按钮，返回"接口"列表，确认 ge2、ge3 和 ge4 接口设置完毕，如图 2-72 所示。

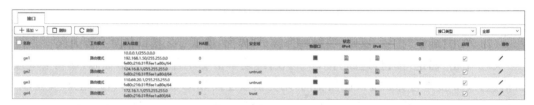

图 2-72　ge2、ge3 和 ge4 接口列表

（15）配置接口信息后，需要对安全策略进行配置。单击上方导航栏中的"策略配置"→"安全策略"，显示当前的安全策略列表，如图 2-73 所示。

图 2-73　安全策略列表

（16）单击"安全策略"标签栏中的"＋添加"按钮，在弹出的"添加安全策略"界面中，在"名称"中输入"内网访问外网"，"动作"选中"允许"单选按钮，"源安全域"设置为 trust，"目的安全域"设置为 untrust，"源地址/地区"和"目的地址/地区"设置为 any，如图 2-74 所示。

（17）单击"确定"按钮，返回"安全策略"列表，显示添加的安全策略信息，如图 2-75 所示。

图 2-74　添加安全策略

图 2-75　安全策略列表(已添加安全策略)

（18）为使内网用户可以按要求连接对应的链路,需要配置策略路由。单击"网络配置"→"路由"→"策略路由",显示当前的策略路由列表,如图 2-76 所示。

图 2-76　策略路由列表

（19）单击其中的"ISP 路由"标签，显示当前的 ISP 路由列表，如图 2-77 所示。

图 2-77　ISP 路由列表

（20）将 ge2、ge3 对应的 ISP 信息添加到 ISP 路由表中，其中，ge2 接口模拟电信接口，其对应 IP 地址为"124.16.8.1"，ge3 接口模拟联通接口，其对应 IP 地址为"110.69.20.1"。单击"＋添加"按钮，在弹出的"添加 ISP 路由"界面中，在"名称"中输入"连接电信路由"，"优先级"输入 255，"ISP 名称"设置为"中国电信"，单击"网关"一栏中的"＋添加"按钮，如图 2-78 所示。

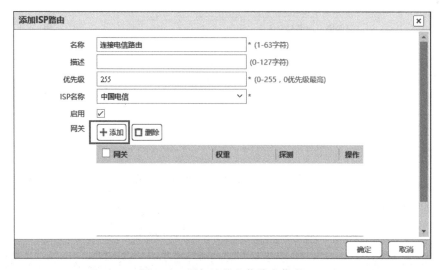

图 2-78　添加连接电信路由信息

（21）在弹出的"添加网关"界面中，在"网关地址"中输入 ge2 连接的 Web 服务器对应 IP 地址"124.16.8.100"模拟连接的电信服务器，在"权重"中输入 255，权重值越大，分配的会话数越多，表明是主链路，如图 2-79 所示。

图 2-79　配置路由网关

（22）单击"确定"按钮，返回"添加 ISP 路由"界面，确认路由信息是否无误，如图 2-80 所示。

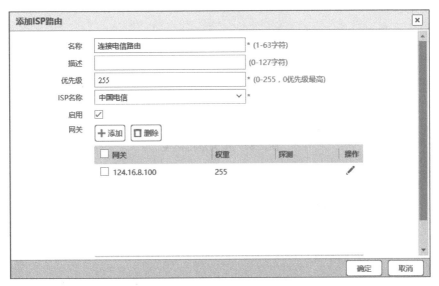

图 2-80　确认连接电信路由信息

（23）单击"确定"按钮，返回"ISP 路由"列表，继续单击"＋添加"按钮，添加连接联通的路由信息。在弹出的"添加 ISP 路由"界面中，在"名称"中输入"连接联通路由"，"优先级"中输入 255，"ISP 名称"设置为"中国联通"，单击"网关"一栏中的"＋添加"按钮，如图 2-81 所示。

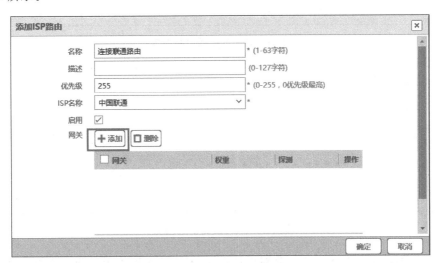

图 2-81　添加连接联通路由信息

（24）在弹出的"添加网关"界面中，输入连接 ge3 接口的 Web 服务器对应 IP 地址"110.69.20.100"，用于模拟联通服务器，在"权重"中输入 255，如图 2-82 所示。

（25）单击"确定"按钮，返回"添加 ISP 路由"界面，确认路由信息是否无误，如图 2-83 所示。

（26）单击"确定"按钮，返回"ISP 路由"列表，可显示添加的两条 ISP 路由信息，如

图 2-84 所示。

图 2-82 配置路由网关

图 2-83 确认连接联通路由信息

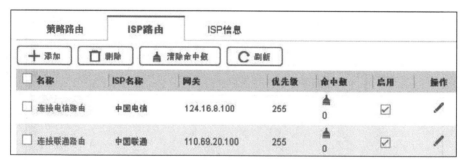

图 2-84 ISP 路由信息列表

（27）现有网络中包含两个 ISP 路由信息，需要在静态路由中配置一个默认路由。单击"网络配置"→"路由"→"静态路由"，显示当前的静态路由列表，如图 2-85 所示。

（28）单击"＋添加"按钮，在弹出的"添加静态路由"界面中，"目的地址/掩码"保留默认的"0.0.0.0/0.0.0.0"，"类型"选中"网关"单选按钮，在"网关"中输入 ge2 口对应的 IP 地址"124.16.8.100"，如图 2-86 所示。

（29）单击"确定"按钮，返回"静态路由"列表，显示当前添加的静态路由，如图 2-87 所示。

图 2-85 静态路由列表

图 2-86 添加默认路由

图 2-87 静态路由列表(已添加静态路由)

（30）配置对象类型为后续 NAT 策略做准备。单击"对象配置"→"地址"→"地址"，显示当前的地址对象列表，如图 2-88 所示。

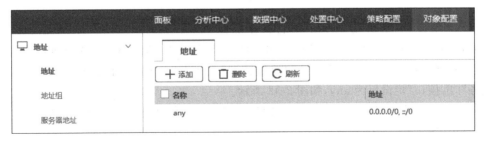

图 2-88 地址对象列表

（31）单击"＋添加"按钮，在弹出的"添加地址"界面中，在"名称"中输入"内网地址"，"IP 地址"中输入 ge4 接口对应的内网地址段"172.16.1.0/24"，如图 2-89 所示。

图 2-89　添加内网地址对象

（32）单击"确定"按钮，返回"地址"列表，显示添加的内网地址对象，如图 2-90 所示。

图 2-90　地址对象列表（已添加内网地址对象）

（33）配置 NAT 策略。单击"策略配置"→"NAT 策略"，在"源 NAT"标签页中，显示当前的源 NAT 列表，如图 2-91 所示。

图 2-91　"源 NAT"标签页

（34）单击"＋添加"按钮，在弹出的"添加源 NAT"界面中，在"名称"中输入"内网 NAT 转换"，在"转换前匹配"一栏中，"源地址类型"选中"地址对象"单选按钮，"源地址"设置为刚刚创建的"内网地址"，"目的地址类型"选中"地址对象"单选按钮，"目的地址""服务""出接口"均设置为 any，如图 2-92 所示。

（35）在"转换后匹配"一栏中，"地址模式"选中"动态地址"单选按钮，"类型"设置为 BY_ROUTE，如图 2-93 所示。

（36）单击"确定"按钮，返回"源 NAT"列表，显示添加的 NAT 策略，如图 2-94 所示。

图 2-92　配置 NAT 转换策略

图 2-93　配置 NAT 转换策略（转换后）

图 2-94　源 NAT 策略列表

【实验预期】

内网用户可访问不同出口的 Web 服务器页面。

【实验结果】

1）内网用户访问电信出口 Web 服务器

（1）登录实验平台中对应实验拓扑中右侧的虚拟机，如图 2-95 所示。

（2）在虚拟机桌面上，双击火狐浏览器的快捷图标，运行火狐浏览器，如图 2-96 所示。

（3）在地址栏中输入模拟电信 Web 服务器 IP 地址"124.16.8.100"，在浏览器中可显示网站内容，如图 2-97 所示。

（4）综上所述，内网用户可访问模拟电信服务器的 Web 服务器网站，满足预期要求。

2）内网用户访问联通出口 Web 服务器

（1）在虚拟机的火狐浏览器中，单击上方的"＋"，新开一个标签页，如图 2-98 所示。

（2）在新标签页的地址栏中输入模拟联通 Web 服务器 IP 地址"110.69.20.100"，可

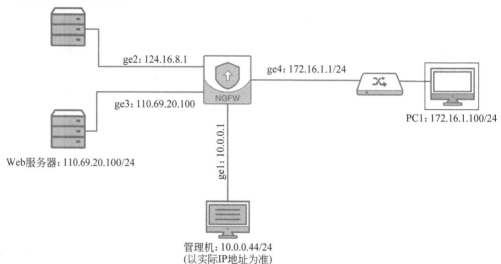

Web服务器: 124.16.8.100/24

ge2: 124.16.8.1

ge4: 172.16.1.1/24

NGFW

ge3: 110.69.20.100

PC1: 172.16.1.100/24

ge1: 10.0.0.1

Web服务器: 110.69.20.100/24

管理机: 10.0.0.44/24
(以实际IP地址为准)

图 2-95   登录虚拟机

图 2-96   运行火狐浏览器

正常显示网站页面,如图 2-99 所示。

（3）综上所述,内网用户可访问模拟联通服务器的 Web 服务器网站,满足预期要求。

【实验思考】

（1）对于需要特定链路传输的数据,比如从 1 号接口流入的数据,还需要在 1 号接口流出,需要配置什么参数才可以实现这种需求?

（2）设置 ISP 路由信息时,如果无法将需要访问的互联网地址全部定义到 ISP 路由表中,解决方法是什么?

图 2-97 访问电信 Web 服务器

图 2-98 新开一个标签页

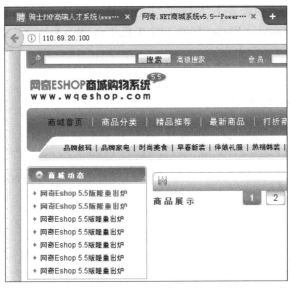

图 2-99 访问联通 Web 服务器

2.3 地址转换及 IP 地址管理

2.3.1 防火墙源 NAT 实验

【实验目的】

管理员通过配置防火墙的源 NAT,实现内网用户访问外网时,发送的数据包经过防火墙转换源地址或源端口,将内网主机的 IP 地址变换成为网关的互联网 IP。

【知识点】

源 NAT、对象管理、安全域、安全策略。

【场景描述】

A 公司对于公司内网的安全非常重视,因此采购了一台防火墙来保障公司内网的安全,现在这台防火墙部署在公司的出口,领导希望公司内部的员工可以通过防火墙上网,但是运营商只给了安全运维工程师一个公网地址,请思考应如何通过配置防火墙来实现公司内网用户访问互联网。

【实验原理】

网络地址转换技术是一种将私有(保留)地址转化为公有(合法)IP 地址的转换技术。地址转换主要用在内部网络的 IP 地址是无效地址或网络管理员希望隐藏内部网络 IP 地址的情况下。NAT 技术不仅能解决 IP 地址不足的问题,还能隐藏内部网络的 IP 地址和拓扑结构,有效避免来自网络外部的攻击,加强内部网络的安全性。

【实验设备】

- 安全设备:防火墙设备 1 台。
- 主机终端:Windows Server 2003 SP2 主机 1 台,Windows XP 主机 1 台,Windows 7 主机 1 台。

【实验拓扑】

实验拓扑如图 2-100 所示。

图 2-100　防火墙源 NAT 实验拓扑

【实验思路】

（1）配置防火墙接口和安全域。

（2）配置对象管理基于安全域的安全策略。

（3）配置源 NAT 策略。

（4）外网接收到的对应数据包中来源 IP 地址应为防火墙的对外 IP 地址。

【实验要点】

下一代防火墙管理员可依次单击"策略配置"→"NAT 策略"，添加并配置源 NAT，来实现防火墙对内网的 IP 地址转换，使数据包中的源地址显示为指定的 IP 地址，从而达到隐藏内部 IP 地址的目的。

【实验步骤】

（1）～（3），登录并管理防火墙，检查防火墙的工作状态。

（4）配置网络接口。单击面板上方导航栏中的"网络配置"→"接口"，显示当前接口列表，单击 ge2 右侧"操作"中的笔形标志，编辑 ge2 接口设置。

（5）在弹出的"编辑物理接口"界面中，ge2 是模拟连接 Internet 的接口，因此"安全域"选择 untrust，"工作模式"选中"路由模式"单选按钮，在"本地地址列表"中的"IPv4"标签栏中，单击"＋添加"按钮。

（6）在弹出的"添加 IPv4 本地地址"界面中，在"本地地址"中输入 ge2 对应的 IP 地址"124.16.8.1"，"子网掩码"中输入"255.255.255.0"，"类型"设置为 float，如图 2-101所示。

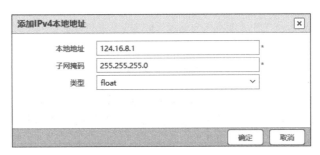

图 2-101　输入 ge2 对应的 IP 地址

（7）单击"确定"按钮，返回"编辑物理接口"界面，确认 ge2 接口信息是否无误。

（8）单击"确定"按钮，返回"接口"列表，继续单击 ge3 右侧的笔形标志，编辑 ge3 接口信息。ge3 接口模拟连接公司内网，因此"安全域"选择 trust，"工作模式"选中"路由模式"单选按钮，在"本地地址列表"一栏中，单击"IPv4"一栏中的"＋添加"按钮。

（9）在弹出的"添加 IPv4 本地地址"界面中，在"本地地址"中输入 ge3 对应的 IP 地址"172.16.2.1"，"子网掩码"中输入"255.255.255.0"，如图 2-102 所示。

（10）单击"确定"按钮，返回"编辑物理接口"界面，确认 ge3 接口信息是否无误。

（11）单击"确定"按钮，返回"接口"界面，查看 ge2 和 ge3 接口信息，如图 2-103 所示。

（12）网络接口设置完成后，进行对象配置。单击上方导航栏中的"对象配置"→"地址"→"地址",显示当前的地址对象列表,如图 2-104 所示。

图 2-102　编辑 ge3 接口信息

图 2-103　"接口"列表

图 2-104　"地址"标签页

(13)单击"＋添加"按钮,在弹出的"添加地址"界面中,在"名称"中输入"内网地址段","IP 地址"中输入 ge3 口对应的 IP 地址段"172.16.2.0/24",如图 2-105 所示。

图 2-105　添加内网地址段对象

(14)单击"确定"按钮,返回"地址"列表,可查看添加的内网地址段对象,如图 2-106

所示。

图 2-106 地址对象列表

（15）配置地址对象后，配置基础安全策略。单击上方导航栏中的"策略配置"→"安全策略"，显示当前的安全策略列表，如图 2-107 所示。

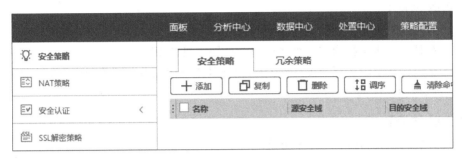

图 2-107 "安全策略"标签页

（16）单击"＋添加"按钮，在弹出的"添加安全策略"界面中，在"名称"中输入"内网访问外网"，"动作"选中"允许"单选按钮，"源安全域"设置为 trust，"目的安全域"设置为 untrust，"源地址/地区"设置为"内网地址段"，"目的地址/地区""服务""应用"均设置为 any，如图 2-108 所示。

图 2-108 添加基本安全策略

（17）单击"确定"按钮，返回"安全策略"列表，可查看添加的安全策略，如图 2-109 所示。

图 2-109　安全策略列表

（18）至此，完成防火墙基本网络的配置。

【实验预期】

（1）内网主机可正常浏览外网 Web 服务器。

（2）在外网主机中抓取的数据包中包含内网主机的 IP 地址。

（3）在防火墙中添加源 NAT 策略后，在外网主机中抓取的数据包中仅包含防火墙对外 IP 地址，不包含内网 IP 地址。

【实验结果】

1）内网主机访问外网 Web 服务器

（1）登录实验平台中对应实验拓扑右侧的虚拟机 PC1，如图 2-110 所示。

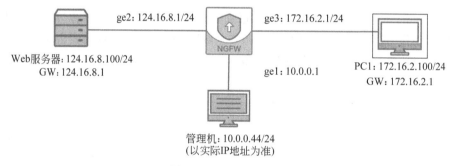

图 2-110　登录虚拟机

（2）双击桌面的火狐浏览器快捷图标，运行火狐浏览器，如图 2-111 所示。

图 2-111　运行火狐浏览器

（3）在地址栏中输入 Web 服务器的 IP 地址“124.16.8.100”，可正常显示网页内容，如图 2-112 所示。

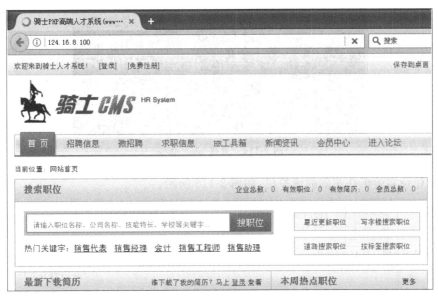

图 2-112　访问 Web 服务器

（4）综上所述，内网主机可正常访问外网 Web 服务器，满足预期要求。

2）在外网主机抓取数据包

（1）继续在 Windows XP 虚拟机中单击“开始”→“命令提示符”，如图 2-113 所示。

图 2-113　运行命令提示符程序

（2）在弹出的"命令提示符"界面中，输入命令"ping -t 124.16.8.100"，该命令表示一直执行"ping 124.16.8.100"，可通过按 Ctrl＋C 键终止该命令的执行，如图 2-114 所示。

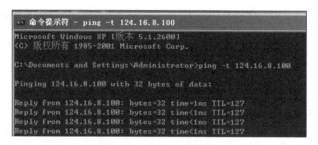

图 2-114　发送 ping 命令

（3）登录实验拓扑左侧的虚拟机，如图 2-115 所示。

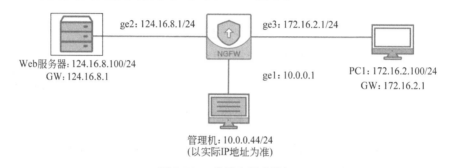

图 2-115　登录左侧虚拟机

（4）双击桌面上的 Wireshark 快捷图标，运行 Wireshark 软件，如图 2-116 所示。

（5）在 Wireshark 软件界面，单击左侧网卡列表中的网卡，之后再单击 Start 按钮，如图 2-117 所示。

图 2-116　运行 Wireshark 软件

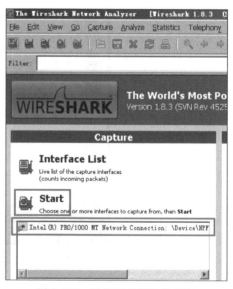

图 2-117　选择网卡抓取数据包

（6）Wireshark 软件开始抓取数据包，可看到抓取的数据包中包含内网段"172.16.2.100"的 IP 地址，如图 2-118 所示。

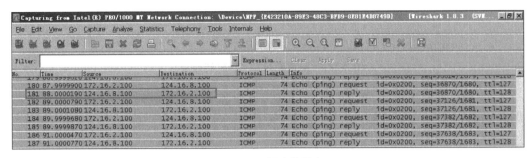

图 2-118　抓取数据包

（7）综上所述，外网抓取的数据包中包含内网地址段的 IP 地址，满足预期要求。

3）配置源 NAT 策略后抓取数据包中不包含内网地址段的 IP 地址

（1）返回防火墙的 Web UI 界面，单击上方导航栏中的"策略配置"→"NAT 策略"，显示当前的 NAT 策略列表，如图 2-119 所示。

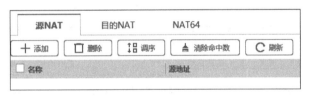

图 2-119　NAT 策略列表

（2）单击"＋添加"按钮，在弹出的"添加源 NAT"界面中，在"名称"中输入"源 NAT 转换"；在"转换前匹配"一栏中，"源地址类型"选中"地址对象"单选按钮，"源地址"设置为"内网地址段"，"目的地址类型"选中"地址对象"单选按钮，"目的地址""服务""出接口"均设置为 any；在"转换后匹配"一栏中，"地址模式"选中"动态地址"单选按钮，"类型"设置为"BY_ROUTE"，如图 2-120 和图 2-121 所示。

图 2-120　配置源 NAT 策略

图 2-121　配置源 NAT 策略(转换后)

(3) 确认设置无误后,单击"确定"按钮,返回源 NAT 策略列表,可查看添加的源 NAT 策略,如图 2-122 所示。

图 2-122　源 NAT 策略列表

(4) 防火墙源 NAT 策略配置完成后,返回实验拓扑左侧的 74CMS 虚拟机中,运行 Wireshark 软件,查看抓取的数据包中的内容,可看到仅包含防火墙和 Web 服务器本身 的 IP 地址信息,内网地址段的 IP 已被转换,如图 2-123 所示。

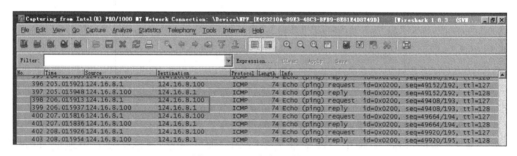

图 2-123　再次抓取数据包

(5) 综上所述,配置源 NAT 策略后,外网主机抓取的数据包中已没有内网地址段的 IP 地址信息,满足预期要求。

【实验思考】

(1) 源 NAT 策略配置地址模式时,动态地址和静态地址分别对应何种映射关系?

(2) 如果使用中需要放行 IPSec VPN,源 NAT 转换类型需要选择哪一种方式才可正 常使用?

2.3.2　防火墙目的 NAT 实验

【实验目的】

管理员通过在防火墙配置目的 NAT 转换策略,实现将内网服务器地址映射为外网 地址,外网用户使用映射的外网地址实现访问内网服务器的目的,从而达到保护内网服务 器安全的目的。

【知识点】

目的 NAT、安全域、安全策略。

【场景描述】

A 公司新开发了一项业务,需要互联网的外部用户使用该业务。但是,该业务的服务器被架设在公司内部的局域网中,外部用户无法访问。于是经理找到安全运维工程师,让他通过对防火墙的配置来实现外部用户访问一项业务,请思考应如何配置防火墙实现这一需求。

【实验原理】

目的地址转化是 NAT 转换的一种类型,实现一个内部地址对外提供服务,外部用户通过访问对外服务的地址(目的地址),实现对内部地址的访问。解决内部地址在公共网络无法录用和地址隐藏的目的。

【实验设备】

• 安全设备:防火墙设备 1 台。

• 主机终端:Windows Server 2003 SP1 主机 2 台,Windows 7 主机 1 台。

【实验拓扑】

实验拓扑如图 2-124 所示。

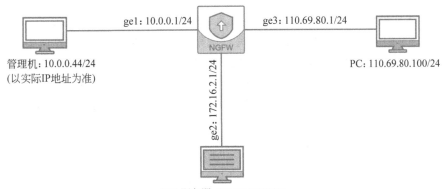

图 2-124 防火墙目的 NAT 实验拓扑

【实验思路】

(1) 配置防火墙接口所属安全域。

(2) 配置基于安全域的安全策略。

(3) 配置目的 NAT 策略。

【实验要点】

下一代防火墙管理员可单击"策略配置"→"NAT 策略",添加并配置目的 NAT,将内网服务器地址映射为外网地址,使得外网用户可以访问内网服务。

【实验步骤】

(1)～(3),登录并管理防火墙,检查防火墙的工作状态。

(4)单击面板上方导航栏中的"网络配置",单击 ge2 右侧"操作"中的笔形标志,编辑 ge2 接口。

(5)本实验中将 ge2 口 IP 设置为"172.16.2.1",掩码为"255.255.255.0","安全域"设置为 trust,后续步骤按照此要求进行调整。在"编辑物理接口"界面中,"工作模式"选中"路由模式"单选按钮,单击本地地址列表中的 IPv4 标签列表中的"＋添加"按钮。

(6)在"添加 IPv4 本地地址"界面中,在"本地地址"中输入本实验设定的 IP 地址"172.16.2.1","子网掩码"输入"255.255.255.0","类型"保留默认值 float,如图 2-125 所示。

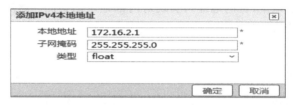

图 2-125　编辑 ge2 接口 IP 地址参数

(7)单击"确定"按钮,返回"编辑物理接口"界面,再单击"确定"按钮,关闭"编辑物理接口"界面。

(8)在本实验中将 ge3 口"安全域"设置为 untrust,IP 设置为"110.69.80.1",掩码为"255.255.255.0",后续步骤按照此要求进行调整。在"编辑物理接口"界面中,"工作模式"选中"路由模式"单选按钮,单击本地地址列表中的 IPv4 标签列表中的"＋添加"按钮。

(9)在"添加 IPv4 本地地址"界面中,在"本地地址"中输入本实验设定的 IP 地址"110.69.80.1","子网掩码"中输入"255.255.255.0","类型"保留默认值 float,如图 2-126 所示。

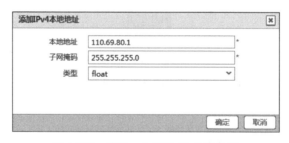

图 2-126　编辑 ge3 接口 IP 地址参数

(10)单击"确定"按钮,返回"编辑物理接口"界面,确定接口的相关信息准确无误后,再单击"确定"按钮,返回"接口"界面。查看 ge2 和 ge3 接口信息,如图 2-127 所示。

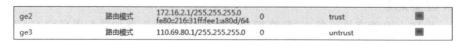

| ge2 | 路由模式 | 172.16.2.1/255.255.255.0
fe80::216:31ff:fee1:a80d/64 | 0 | trust | ■ |
| ge3 | 路由模式 | 110.69.80.1/255.255.255.0 | 0 | untrust | ■ |

图 2-127　查看 ge2 和 ge3 接口信息

（11）单击面板上方导航栏中的"策略配置"，单击左侧的"安全策略"，在"安全策略"界面中单击"添加"按钮，添加安全策略，如图 2-128 所示。

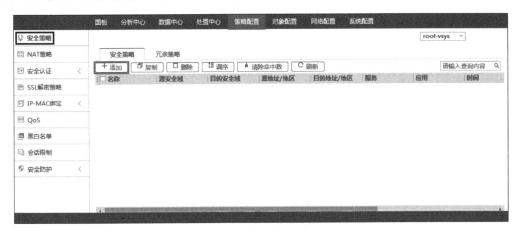

图 2-128　添加安全策略

（12）在"添加安全策略"界面中，在"名称"中输入"目的 NAT 安全规则"，将"源安全域"设置为 untrust，ge2 接口在该域中，"目的安全域"设置为 trust，ge3 接口在该域中。其他保持默认配置，如图 2-129 所示。

图 2-129　配置安全策略

（13）单击"确定"按钮，返回"安全策略"界面，发现策略信息已被成功添加，如图 2-130 所示。

（14）单击面板上方的"对象配置"，单击左侧的"地址"，在"地址"界面中单击"＋添加"按钮，添加地址对象，如图 2-131 所示。

图 2-130　查看已添加的安全策略

图 2-131　添加地址对象

（15）在"编辑地址"界面中,在"名称"中输入"Web 服务器",在"IP 地址"中输入"172.16.2.100/24",如图 2-132 所示。

（16）单击"确定"按钮,返回"地址"界面,单击"＋添加"按钮,在"编辑地址"界面中,"名称"中输入"110.69.80.1","IP 地址"中输入"110.69.80.1",如图 2-133 所示。

（17）单击"确定"按钮,返回"地址"界面。单击面板上方的"策略配置",单击左侧的"安全策略",在"安全策略"界面中单击名称为"目的 NAT 安全规则"的安全策略。在"编辑安全策略"界面中,"源地址/地区"设置为 any,"目的地址/地区"设置为"Web 服务器",

"服务"设置为"HTTP"，"应用"设置为 any。其他保持默认配置，如图 2-134 所示。

图 2-132　编辑 Web 服务器地址

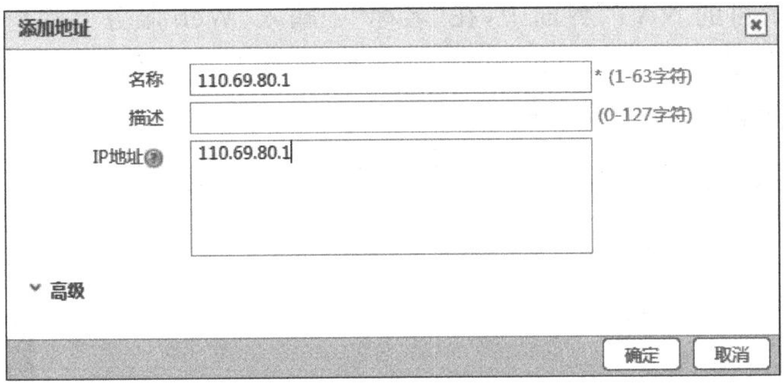

图 2-133　编辑 172.16.80.1 地址

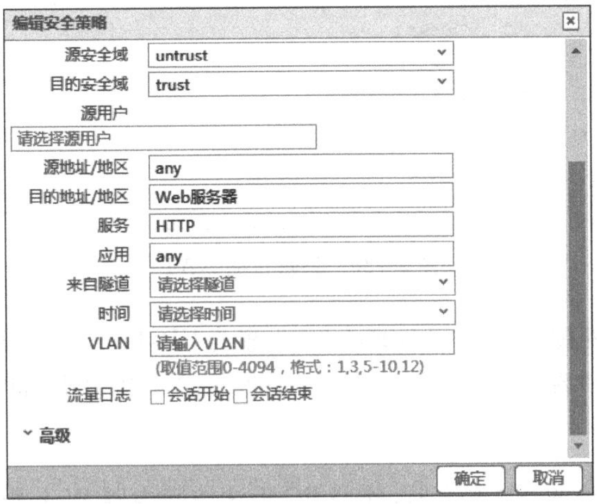

图 2-134　编辑安全策略

　　（18）单击"确定"按钮。单击面板上方的"策略配置"，单击左侧的"NAT 策略"，然后单击"目的 NAT"标签页。在"目的 NAT"界面中，单击"＋添加"按钮，添加目的 NAT 策略，如图 2-135 所示。

图 2-135 添加目的 NAT 策略

（19）在"编辑目的 NAT"界面中，在"名称"中输入"Web 服务器映射"，"源地址"设置为 any，"目的地址"设置为"110.69.80.1"，"服务"设置为"HTTP"，"入接口"设置为 any。其他保持默认配置，如图 2-136 所示。

图 2-136 编辑目的 NAT

（20）在"转换后匹配"一栏中，"地址类型"设置为"IPv4 地址"，并输入 IP 地址"172.16.2.100"，"端口"设置为"端口"，输入端口号 80，目的 NAT 配置完毕，如图 2-137 所示。

【实验预期】

（1）添加防火墙目的 NAT 之前，外部 PC 无法访问内网 Web 服务器网站。

（2）添加防火墙目的 NAT 之后，外部 PC 可以访问内网 Web 服务器网站。

【实验结果】

1）为防火墙配置目的 NAT 后，外部 PC 可以访问 Web 服务器网站

（1）登录实验平台对应实验拓扑中下方的虚拟机 Web 服务器，进入外网实验虚拟机

PC,如图 2-138 所示。

图 2-137　编辑目的 NAT(转换后)

图 2-138　登录下方虚拟机

(2) 在虚拟机中打开 IE 浏览器,在地址栏输入"http：//110.69.80.1",成功访问内网 Web 网站,如图 2-139 所示。

(3) 综上所述,通过设置目的 NAT,外网主机可正常访问内网 Web 服务器,满足预期要求。

2) 停用防火墙目的 NAT 策略,外部主机无法访问内部网站

(1) 返回防火墙 Web UI 界面,单击面板上方的"策略配置",单击左侧的"NAT 策略",单击中部"目的 NAT"。在目的 NAT"Web 服务器映射"中,不勾选"启用"复选框。如图 2-140 所示。

(2) 登录实验平台对应实验拓扑中右侧的虚拟机 PC,进入外网实验虚拟机,如图 2-141 所示。

(3) 在虚拟机中再次打开 IE 浏览器,在地址栏输入"http：//110.69.80.1",不能访

问内网 Web 网站,如图 2-142 所示。

图 2-139　成功访问内部网站

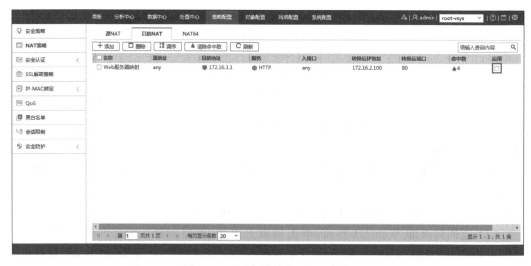

图 2-140　不启用目的 NAT 配置

（4）综上所述,停用目的 NAT 策略后,外网用户不能正常访问内网服务器页面,满足预期要求。

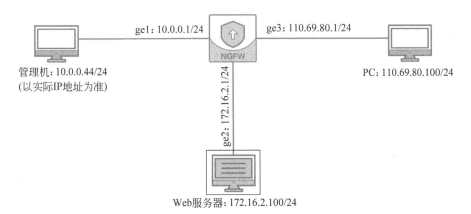

图 2-141　登录右侧虚拟机

图 2-142　访问内部网站失败

【实验思考】

(1) Web 网站的默认端口是多少?

(2) 根据实验内容,外网的哪个 IP 地址被映射到内网的几号端口上?

2.3.3 防火墙地址黑名单实验

【实验目的】

管理员可以通过防火墙的地址黑名单功能针对某些非法的 IP 地址或 MAC 地址有效地做出拒绝的限制动作。

【知识点】

地址黑名单、黑名单策略。

【场景描述】

A 公司的安全运维工程师发现公司内有一台 PC 不停地发出大量的异常数据包,这些数据包对网络造成了很大的影响,为了快速恢复网络,安全运维工程师想先切断该 PC 的数据流,请思考应如何通过配置防火墙解决此问题。

【实验原理】

当防火墙的地址黑名单中的 IP、MAC 地址命中地址黑名单策略时,数据包会被防火墙直接丢弃。地址黑名单支持基于 IP 地址或 MAC 地址的策略。

【实验设备】

安全设备:防火墙设备 1 台。

主机终端:Windows 7 主机 2 台,Windows Server 2003 SP1 主机 1 台。

【实验拓扑】

实验拓扑如图 2-143 所示。

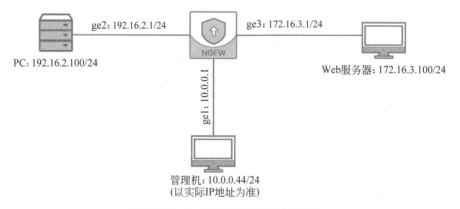

图 2-143　防火墙地址黑名单实验拓扑

【实验思路】

(1) 配置防火墙接口。

(2) 新建黑名单,将虚拟机 IP 地址添加到黑名单。

(3) 虚拟机通过防火墙访问指定网址。

【实验要点】

下一代防火墙管理员可单击"策略配置"→"黑白名单",设置黑白名单策略并设置生效时间。

【实验步骤】

(1)～(3),登录并管理防火墙,检查防火墙的工作状态。

(4)单击面板上方导航栏中的"网络配置",单击 ge2 右侧"操作"中的笔形标志,编辑 ge2 接口。

(5)本实验中 ge2 接口模拟连接外部网络中的一台计算机,因此将 ge2 接口 IP 设置为"192.16.2.1",掩码为"255.255.255.0",安全域为 any,后续步骤按照此要求进行调整。在"编辑物理接口"界面中,"工作模式"选中"路由模式"单选按钮,单击本地地址列表中的 IPv4 标签列表中的"＋添加"按钮。如果已有 IP 地址的设置,则单击 IP 地址右侧"操作"的笔形标志,视具体情况决定,其他保持默认配置。

(6)在"添加 IPv4 本地地址"界面中,输入本实验设定的 IP 地址"192.16.2.1",该地址用于与实验虚拟机通信使用,输入子网掩码为"255.255.255.0",类型默认为 float,如图 2-144 所示。

图 2-144　编辑 ge2 接口 IP 地址参数

(7)单击"确定"按钮,返回"编辑物理接口"界面,再单击"确定"按钮,关闭"编辑物理接口"界面。

(8)在本实验中 ge3 接口用于连接公司内部的 Web 服务器,因此将 ge3 接口 IP 设置为"172.16.3.1",掩码为"255.255.255.0",安全域为 any,后续步骤按照此要求进行调整。在"编辑物理接口"界面中,"工作模式"选中"路由模式"单选按钮,单击本地地址列表中的 IPv4 标签列表中的"＋添加"按钮。如果已有 IP 地址设置,则单击 IP 地址右侧"操作"的笔形标志,视具体情况决定,其他保持默认配置。

(9)在"添加 IPv4 本地地址"界面中,输入本实验设定的 IP 地址"172.16.3.1",该地址用于与 Web 服务器通信使用,输入子网掩码为"255.255.255.0",类型默认为 float,如图 2-145 所示。

(10)单击"确定"按钮,返回"编辑物理接口"界面,确定接口的相关信息准确无误后,再单击"确定"按钮,返回"接口"界面,查看 ge2 和 ge3 接口信息,如图 2-146 所示。

(11)单击面板上方导航栏中的"策略配置",单击左侧的"安全策略"。在"安全策略"界面中,单击"＋添加"按钮,添加安全策略,如图 2-147 所示。

图 2-145　编辑 ge3 接口 IP 地址参数

图 2-146　查看 ge2 和 ge3 接口信息

图 2-147　添加安全策略

（12）在"添加安全策略"界面中，在"名称"中输入"地址黑名单"，如图 2-148 所示。

（13）单击"确定"按钮，关闭"添加安全策略"界面，成功添加一条安全策略，如图 2-149 所示。

（14）单击左侧的"黑白名单"。在"地址黑名单"界面中，单击"＋添加"按钮，添加地址黑名单，如图 2-150 所示。

（15）在"添加地址黑名单"界面中，"类型"选中"IP 地址"单选按钮，在"IP 地址"中输入"192.16.2.100"，勾选"启用"复选框，其他保持默认配置，如图 2-151 所示。

（16）单击"确定"按钮，成功添加一条地址黑名单，配置完成，如图 2-152 所示。

【实验预期】

PC 访问 Web 服务器网站失败，同时防火墙中产生相关的安全日志。

图 2-148　设置安全策略

图 2-149　成功添加安全策略

图 2-150　添加地址黑名单

图 2-151   设置地址黑名单

图 2-152   成功添加地址黑名单

【实验结果】

（1）进入实验平台对应的实验拓扑，单击左侧的计算机，进入 PC，如图 2-153 所示。

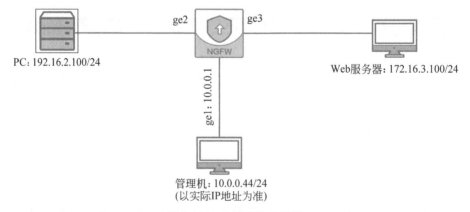

PC: 192.16.2.100/24

ge2   ge3

Web服务器: 172.16.3.100/24

ge1: 10.0.0.1

管理机: 10.0.0.44/24
（以实际IP地址为准）

图 2-153   打开实验虚拟机

（2）在虚拟机 PC 中，打开火狐浏览器，在地址栏中输入"172.16.3.100"，按 Enter 键后执行，访问失败，如图 2-154 所示。

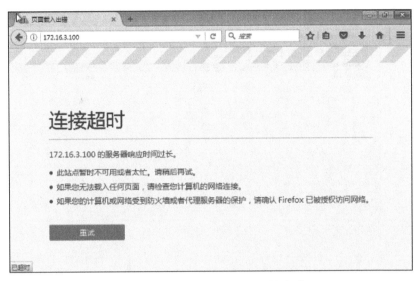

图 2-154　访问 Web 服务器网站失败

（3）在管理机打开浏览器，在地址栏中输入防火墙产品的 IP 地址"https：//192.168.1.50"（以实际设备 IP 地址为准），进入防火墙的登录界面。输入管理员用户名admin 和密码"!1fw@2soc♯3vpn"登录防火墙。在面板上方导航中单击"数据中心"，单击左侧的"日志"，选择"威胁日志"，发现刚才虚拟机 PC 访问 Web 服务器网站的记录，如图 2-155 所示。

图 2-155　安全日志

（4）单击面板上方导航栏中的"策略配置"，单击左侧的"黑白名单"。在"地址黑白名单"界面中，单击唯一一条记录的右侧"操作"列的笔形标志，如图 2-156 所示。

图 2-156　编辑地址黑名单

（5）在"编辑地址黑名单"界面中，不勾选"启用"复选框，其他保持默认配置，如图 2-157 所示。

图 2-157　编辑地址黑名单

（6）单击"确定"按钮，不启用地址黑名单的配置。进入实验平台对应的实验拓扑，单击左侧的计算机，进入 PC。在虚拟机 PC 中火狐浏览器的地址栏再次输入"172.16.3. 100"，按 Enter 键后执行，成功访问 Web 服务器网站，说明配置成功，符合预期，如图 2-158 所示。

图 2-158　成功访问 CMS 服务器网站

【实验思考】

（1）怎样通过在地址黑名单中设置 MAC 地址限制虚拟机的访问？

（2）怎样设置使得虚拟机在 8：00—9：00 时间段不能访问 Web 服务器？

（3）信息安全领域中的黑白名单机制通常采用哪一种比较安全？

（4）黑白名单机制之间的区别和特点是什么？

第3章 防火墙基本应用

本章主要通过对实践案例的学习,完成下一代防火墙常见网络安全功能的学习,包括防火墙服务和应用管理策略设置,内容安全管理策略设置,安全防护策略设置和防火墙常见网络应用技术(VPN 和 QOS 技术)的部署。通过实验加深对以上技术的理解,掌握技术的实际应用场景,提升实践能力。

3.1 服务及应用管理

【实验目的】

管理员通过引用预定义服务或添加自定义服务来为防火墙安全策略、NAT 等规则提供基础配置。

【知识点】

服务管理、目的 NAT、安全策略。

【实验场景】

一年前 A 公司采购了一台防火墙,体验非常好,对常见的应用和服务的控制体验都不错。近日,安全运维工程师遇到了一个棘手的问题,公司最近新开发了一项服务,公司领导要求对这项服务的访问进行控制,但是由于该服务是公司自己开发的,防火墙的预置对象中没有这项服务,请思考应如何通过配置防火墙解决这个问题。

【实验原理】

传统防火墙的访问控制或流量管理粒度粗放,只能基于 IP/端口号(服务)对数据流量进行全面允许或禁止。下一代防火墙可以对数据流量和访问来源进行精细化的识别和分类(应用),对识别出的应用和用户施加细粒度、有区别的访问控制策略、流量管理策略和安全扫描策略。

精细化识别与分类的实现方法:

(1)可从同一个端口协议的数据流量中辨识出任意不同的应用。

(2)从无序的 IP 地址中辨识出有意义的用户身份信息,从而对数据访问进行精确控制。

【实验设备】

· 安全设备:防火墙设备 1 台。

- 主机终端：Windows XP SP3 主机 1 台，Windows Server 2003 SP1 主机 1 台，Windows 7 主机 1 台。

【实验拓扑】

实验拓扑如图 3-1 所示。

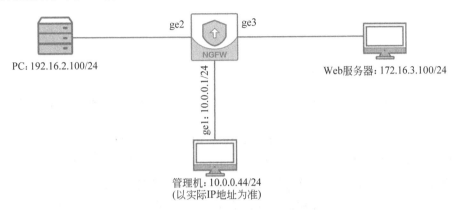

PC：192.16.2.100/24

ge2　ge3

ge1：10.0.0.1/24

Web服务器：172.16.3.100/24

管理机：10.0.0.44/24
（以实际IP地址为准）

图 3-1　防火墙服务管理实验拓扑

【实验思路】

（1）添加自定义服务。

（2）配置自定义服务对象及其参数。

（3）添加安全策略并引用服务对象。

（4）虚拟机访问 Web 服务器。

【实验要点】

理解下一代防火墙服务定义和应用定义的区别。

下一代防火墙管理员可单击"对象配置"→"服务"，添加自定义服务，之后单击"策略配置"→"安全策略"，添加安全规则来引用服务对象，使用户能够正常访问服务。

【实验步骤】

（1）～（3）登录并管理防火墙，检查防火墙的工作状态。

（4）单击面板上方导航栏中的"网络配置"，单击 ge2 右侧"操作"中的笔形标志，编辑 ge2 接口。

（5）本实验中，ge2 接口模拟连接公司内部网络中的一台计算机，因此将 ge2 口 IP 设置为"192.16.2.1"，掩码为"255.255.255.0"，安全域为 trust，后续步骤按照此要求进行调整。在"编辑物理接口"界面中，"工作模式"选中"路由模式"单选按钮，单击本地地址列表中的 IPv4 标签列表中的"＋添加"按钮。如果已有 IP 地址的设置，则单击 IP 地址右侧"操作"的笔形标志，视具体情况决定。其他保持默认配置。

（6）在"添加 IPv4 本地地址"界面中，输入本实验设定的 IP 地址"192.16.2.1"，该地址用于与实验虚拟机通信使用，输入子网掩码为"255.255.255.0"，类型默认为 float，如图 3-2 所示。

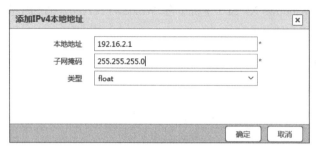

图 3-2　编辑 ge2 接口 IP 地址参数

（7）单击"确定"按钮，返回"编辑物理接口"界面，再单击"确定"按钮，关闭"编辑物理接口"界面。

（8）在本实验中，ge3 口用于模拟连接 Web 服务器，因此将 ge3 口 IP 设置为"172. 16.3.1"，掩码为"255.255.255.0"，安全域为 untrust，后续步骤按照此要求进行调整。在"编辑物理接口"界面中，"工作模式"选中"路由模式"单选按钮，单击本地地址列表中的 IPv4 标签列表中的"＋添加"按钮。如果已有 IP 地址设置，则单击 IP 地址右侧"操作"的笔形标志，视具体情况决定。其他保持默认配置。

（9）在"添加 IPv4 本地地址"中，输入本实验设定的 IP 地址"172.16.3.1"，该地址用于与 Web 服务器通信使用，输入子网掩码为"255.255.255.0"，类型默认为 float，如图 3-3 所示。

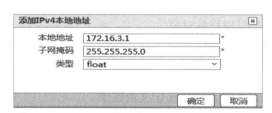

图 3-3　编辑 ge3 接口 IP 地址参数

（10）单击"确定"按钮，返回"编辑物理接口"界面，确定接口的相关信息准确无误后，再单击"确定"按钮，返回"接口"界面。查看 ge2 和 ge3 接口信息，如图 3-4 所示。

图 3-4　查看 ge2 和 ge3 接口信息

（11）单击面板上方导航栏中的"策略配置"，单击左侧的"安全策略"。在"安全策略"界面中，单击"＋添加"按钮，添加安全策略，如图 3-5 所示。

（12）在"添加安全策略"界面中，在"名称"中输入"服务管理"，设置"源安全域"为 trust，"目的安全域"为 untrust，如图 3-6 所示。

（13）单击"确定"按钮，关闭"添加安全策略"界面。单击面板上方导航栏中的"对象配置"，单击左侧的"服务"，选择"服务"，单击中部界面的"自定义服务"。在"自定义服务"

界面中,单击"＋添加"按钮,添加服务,如图 3-7 所示。

图 3-5　添加安全策略

图 3-6　设置安全策略

(14) 在"添加服务"界面中,在"名称"中输入 HTTP Server,在"协议"处单击"＋添加"按钮,添加此自定义服务使用的协议,如图 3-8 所示。

(15) 在协议界面中,设置"协议"为 TCP,"源端口"为"1-65535","目的端口"为"80-80",如图 3-9 所示。

(16) 单击"确定"按钮,返回"添加服务"界面,单击"确定"按钮,返回"自定义服务"界面。发现成功添加了一条服务,如图 3-10 所示。

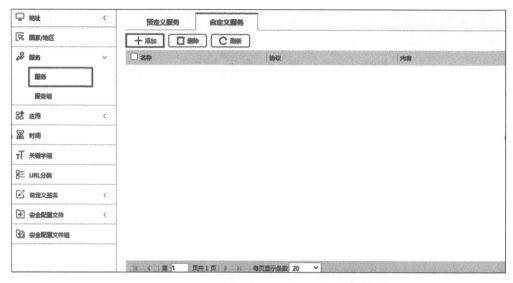

图 3-7 添加自定义服务

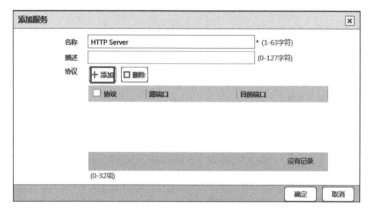

图 3-8 添加协议

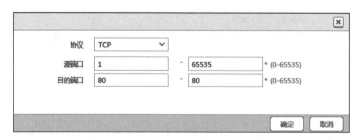

图 3-9 设置协议

(17) 单击面板上方导航栏中的"策略配置",单击左侧的"安全策略"。在"安全策略"界面中,单击"服务管理"安全策略。在"编辑安全策略"界面中,设置"服务"为 HTTP Server。此安全策略仅允许 HTTP Server 服务通过,如图 3-11 所示。

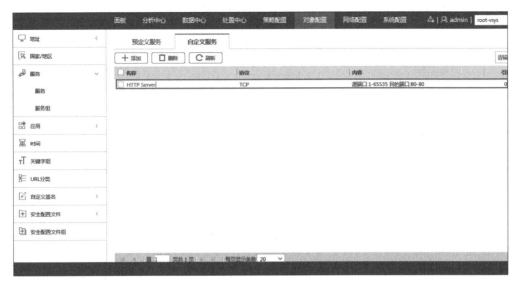

图 3-10　成功添加服务

图 3-11　编辑安全策略

（18）单击"确定"按钮，关闭"编辑安全策略"界面，服务管理配置完成。

【实验预期】

虚拟机只能对 Web 服务器访问安全策略规定的 HTTP Server 服务。

【实验结果】

（1）本实验安全策略允许通行的"HTTP Server"服务仅支持 HTTP 类型的 TCP 协议，不支持 ICMP 协议。所以虚拟机应该能成功访问 Web 服务器网站，却不能成功 ping

通它。进入实验平台对应的实验拓扑,单击左侧的计算机,进入 PC,如图 3-12 所示。

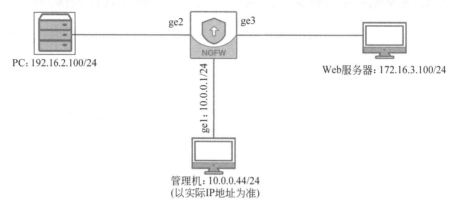

图 3-12　打开实验虚拟机

(2) 在虚拟机 PC 中,打开火狐浏览器,在地址栏中输入"http://172.16.3.100",发现成功访问网站,如图 3-13 所示。

图 3-13　成功访问到网站

(3) 单击"开始"→"命令提示符"。在"命令提示符"界面中,输入命令"ping 172.16.3.100",发现不能成功 ping 通 Web 服务器,这说明服务管理配置成功,如图 3-14 所示。

【实验思考】

(1) 怎样设置只允许虚拟机能 ping 通 Web 服务器?

(2) 怎样设置使得虚拟机可以在任何方式的条件下访问 Web 服务器?

(3) 阅读防火墙操作手册,思考防火墙如何基于时间对应用进行管理,实现不同时间的不同安全策略访问。

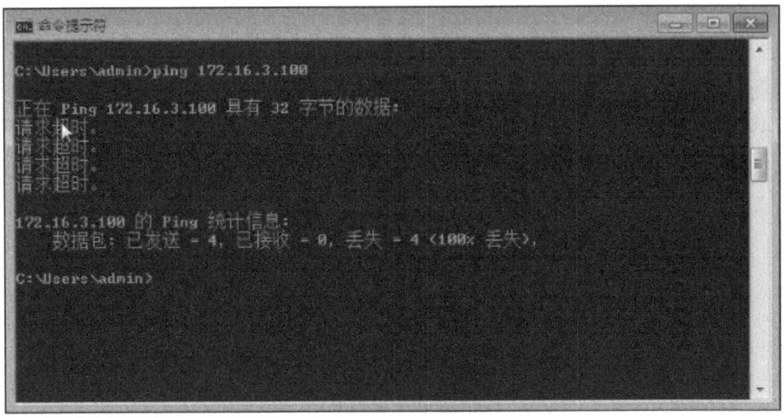

图 3-14　访问 Web 服务器失败

3.2　关键字及行为管控配置

3.2.1　防火墙预设关键字管理实验

【实验目的】

关键字是防火墙实现过滤功能的基础,管理员可以在配置内容过滤、邮件过滤时引入预定义关键字来防止泄露关键信息。

【知识点】

预定义关键字组、过滤规则、安全策略。

【场景描述】

近期客户身份信息泄密事件比较严重,A 公司为了加强这方面的防范,采购了一台防火墙,经理要求安全运维工程师对防火墙配置,实现不允许从公司内网向外网传送包含手机号内容的文件,请思考应如何实现经理的要求。

【实验原理】

关键字组作为内容过滤的基础设置,通过设置希望进行过滤和控制的关键字,为后续配置内容过滤、邮件过滤等安全策略做准备。

【实验设备】

* 安全设备:防火墙设备 1 台。
* 主机终端:Windows 7 主机 2 台,Windows Server 2003 SP1 主机 1 台。

【实验拓扑】

实验拓扑如图 3-15 所示。

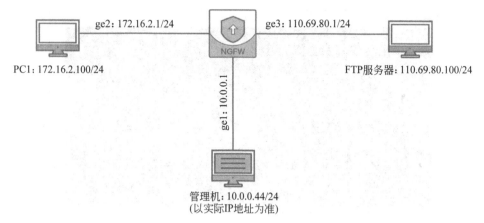

图 3-15　防火墙预设关键字管理实验拓扑

【实验思路】

（1）查看预定义关键字。

（2）配置基于预定义关键字的防火墙内容过滤规则。

（3）配置安全策略并引用内容过滤策略。

【实验要点】

下一代防火墙管理员可单击"对象配置"→"关键字组"，导入、导出预设关键字，再依次单击"对象配置"→"安全配置文件"→"内容过滤"，对预定义关键字添加内容过滤规则，然后单击"策略配置"→"安全策略"，引用内容过滤策略，实现防火墙对预定义关键字进行过滤的功能。

【实验步骤】

（1）～（3）登录并管理防火墙，检查防火墙的工作状态。

（4）单击面板上方导航栏中的"网络配置"，单击 ge2 右侧"操作"中的笔形标志，编辑 ge2 接口。

（5）本实验中 ge2 接口模拟连接内部网络中的一台计算机，因此将 ge2 口 IP 设置为 "172.16.2.1"，掩码为"255.255.255.0"，安全域为 trust，后续步骤按照此要求进行调整。在"编辑物理接口"界面中，"工作模式"选中"路由模式"单选按钮，单击本地地址列表中的 IPv4 标签列表中的"＋添加"按钮。如果已有 IP 地址的设置，则单击 IP 地址右侧"操作"的笔形标志，视具体情况决定。单击"＋添加"按钮，其他保持默认配置。

（6）在"添加 IPv4 本地地址"界面中，输入本实验设定的 IP 地址"172.16.2.1"，该地址用于与实验虚拟机通信使用，输入子网掩码为"255.255.255.0"，类型默认为 float，如图 3-16 所示。

（7）单击"确定"按钮，返回"编辑物理接口"界面，再单击"确定"按钮，关闭"编辑物理接口"界面。

（8）在本实验中，ge3 口用于模拟连接公司外部的 FTP 服务器，因此将 ge3 口 IP 设置为"110.69.80.1",掩码为"255.255.255.0",安全域为 untrust,后续步骤按照此要求进行调整。在"编辑物理接口"界面中,"工作模式"选中"路由模式"单选按钮,单击本地地址列表中的 IPv4 标签列表中的"＋添加"按钮。如果已有 IP 地址设置,则单击 IP 地址右侧"操作"的笔形标志,视具体情况决定。单击"＋添加"按钮,其他保持默认配置。

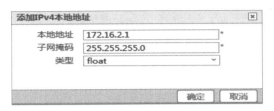

图 3-16　编辑 ge2 接口 IP 地址参数

(9) 在"添加 IPv4 本地地址"界面中,输入本实验设定的 IP 地址"110.69.80.1",该地址用于与 FTP 服务器通信使用,"子网掩码"输入"255.255.255.0","类型"保留默认值 float,如图 3-17 所示。

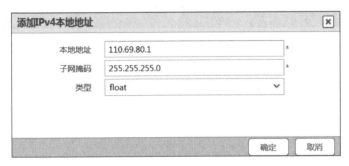

图 3-17　编辑 ge3 接口 IP 地址参数

(10) 单击"确定"按钮,返回"编辑物理接口"界面,确定接口的相关信息准确无误后,再单击"确定"按钮,返回"接口"界面。查看 ge2 和 ge3 接口信息,如图 3-18 所示。

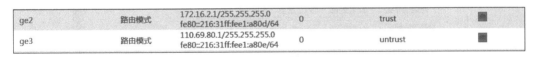

图 3-18　查看 ge2 和 ge3 接口信息

(11) 单击面板导航栏的"策略配置",单击左侧的"安全策略"。在"安全策略"界面中单击"＋添加"按钮,添加安全策略,如图 3-19 所示。

(12) 在"添加安全策略"界面中,在"名称"中输入"预定义关键字管理","源安全域"设置为 trust,"目的安全域"设置为 untrust,如图 3-20 所示。

(13) 单击"确定"按钮,返回"安全策略"界面。发现安全策略已成功被添加,如图 3-21 所示。

(14) 过滤存在邮箱的网页。单击面板上方导航栏中的"对象配置",单击左侧的"关键字组",在"预定义关键字组"界面单击"导出"按钮,导出当前存在的过滤规则。如

图 3-22 所示。

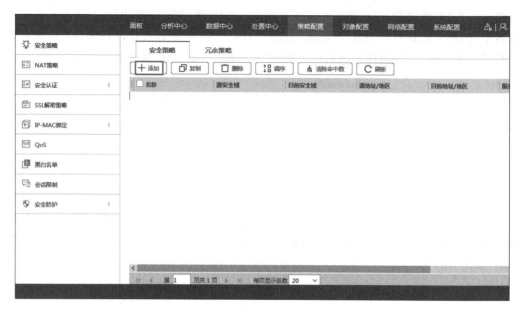

图 3-19　添加安全策略

图 3-20　设置安全策略

（15）导出文件的"名称"为"keygroup_info. 4093481866"，单击"下载"按钮，如图 3-23 所示。

（16）在下侧管理机使用"Notepad＋＋"查看导出文件"keygroup_info. 4093481866"，

图 3-21　成功添加安全策略

图 3-22　导出过滤规则

图 3-23　下载导出文件

可见手机号码格式的正则表达式,这说明防火墙的默认配置中已经存在过滤手机号码的规则,如图 3-24 所示。

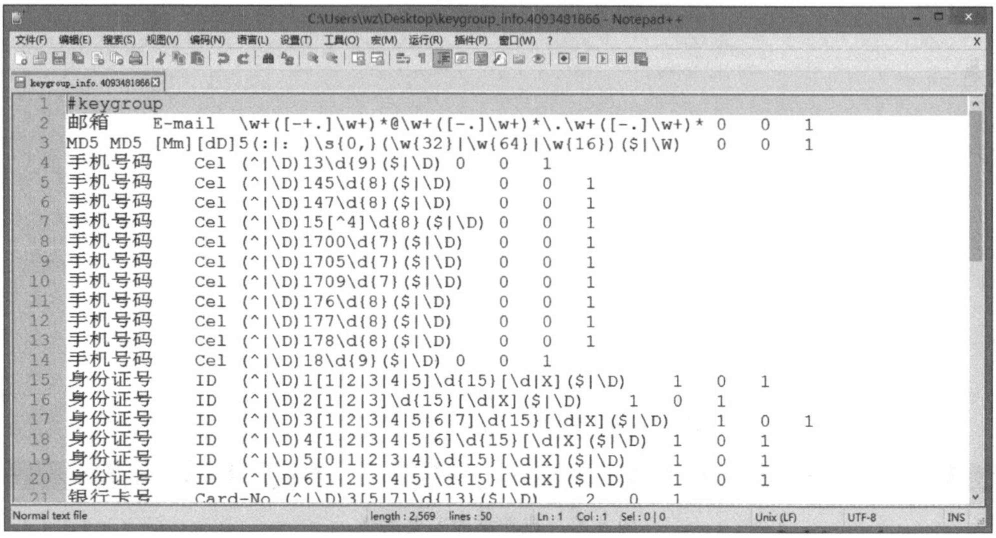

图 3-24　查看导出文件

(17)切换到防火墙界面,单击面板上方导航栏中的"对象配置",单击左侧的"安全配置文件",选择"内容过滤",在"内容过滤"界面单击"＋添加"按钮,添加过滤规则,如图 3-25 所示。

图 3-25　添加内容过滤规则

(18)在"添加内容过滤"界面中,在"名称"中输入"手机号码过滤",单击"添加"按钮,如图 3-26 所示。

(19)在"编辑规则"界面中,在"名称"中输入"手机号码过滤 1","应用"设置为"FTP","关键字"设置为"手机号码","文件类型"设置为 xlsx,其他保持默认配置,如

图 3-27 所示。

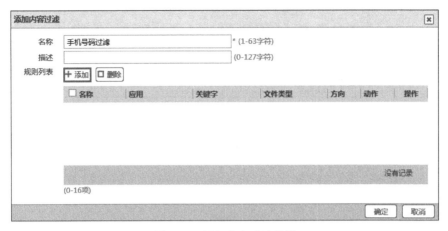

图 3-26 添加内容过滤规则

图 3-27 编辑规则

（20）单击"确定"按钮，返回"添加内容过滤"界面，单击"确定"按钮，返回"内容过滤"界面，如图 3-28 所示。

图 3-28 内容过滤界面

（21）单击面板上方导航栏中的"策略配置"，单击"安全策略"，在"安全策略"界面单击"预定义关键字管理"策略,如图 3-29 所示。

图 3-29　配置安全策略

　　(22) 在"编辑安全策略"界面中,单击"高级","配置文件类型"设置为"安全配置文件","内容过滤"设置为"手机号码过滤"。单击"确定"按钮,关键字管理规则配置完成,如图 3-30 所示。

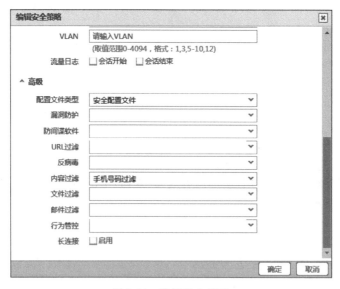

图 3-30　编辑安全策略

【实验预期】

　　(1) 虚拟机 PC 在访问 FTP 服务器网站时,无法查看包含过滤规则的文件的内容。

（2）取消过滤规则后，可正常查看所有文件内容。

【实验结果】

1）内容过滤规则生效，无法查看目标文件内容

（1）登录实验平台中对应实验拓扑中右侧的虚拟机，进入 FTP 服务器，如图 3-31 所示。

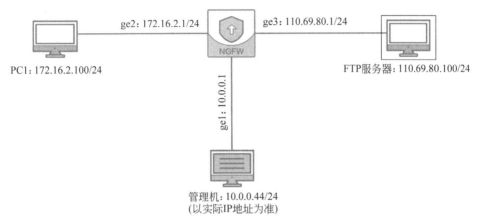

图 3-31　登录右侧虚拟机

（2）在虚拟机 FTP 服务器中，双击桌面的 FTPServer.exe，在弹出的"简单 FTP Server"界面中，勾选"下载文件""上传文件"和"删除文件"复选框，如图 3-32 所示。

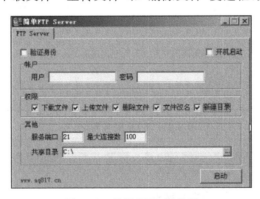

图 3-32　设置 FTP 服务器

（3）单击"启动"按钮，启动 FTP 服务器。返回实验平台对应的实验拓扑中，单击左侧的计算机，进入 PC1。如图 3-33 所示。

（4）在虚拟机 PC1 中，打开火狐浏览器，在地址栏中输入"ftp：//110.69.80.100"，访问 FTP 服务器。在服务器上发现"工作人员联系方式电话.xlsx"，尝试下载它，如图 3-34 所示。

（5）单击"工作人员联系方式电话.xlsx"，在弹出的界面中单击"确定"按钮，如图 3-35 所示。

（6）下载完成后，系统自动打开表格，发现里面的内容被过滤掉了，如图 3-36 所示。

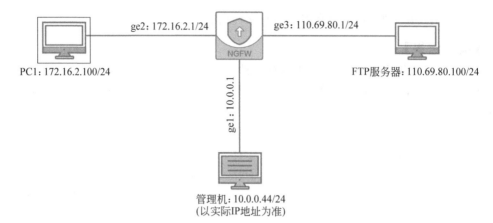

图 3-33　登录左侧虚拟机

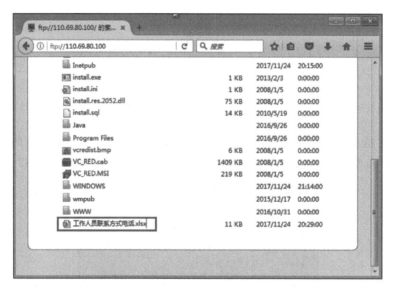

图 3-34　FTP 服务器之一

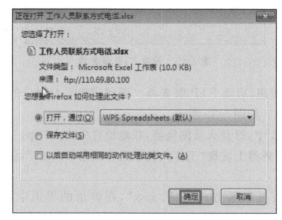

图 3-35　下载表格之一

图 3-36　打开表格之一

2) 取消过滤规则,可正常查看目标文件内容

(1) 在学生机打开浏览器,在地址栏中输入防火墙产品的 IP 地址"https：//10.0.0.1"
(以实际设备 IP 地址为准),进入防火墙的登录界面。输入管理员用户名 admin 和密码
"!1fw@2soc♯3vpn"登录防火墙,登录界面如图 3-37 所示。

图 3-37　防火墙登录界面

(2) 为提高防火墙系统的安全性,用户可用默认密码登录防火墙,防火墙会提示用户
修改初始密码,本实验在这里单击"取消"按钮,如图 3-38 所示。

图 3-38　初始密码修改

（3）登录防火墙设备后，会显示防火墙的面板界面，如图 3-39 所示。

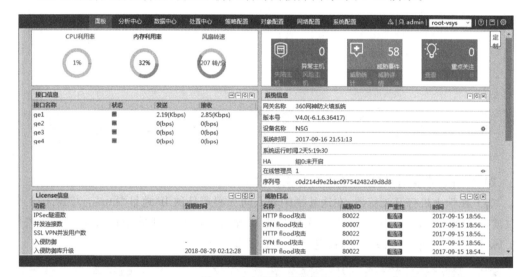

图 3-39　防火墙面板界面

（4）单击面板上方导航栏中的"策略配置"，再单击左侧的"安全策略"。在"安全策略"界面中单击名称为"关键字管理"的安全策略，如图 3-40 所示。

（5）进入"编辑安全策略"界面，单击"高级"，"配置文件类型"设置为"--NONE--"，这样就撤销了已设置的过滤规则，如图 3-41 所示。

（6）单击"确定"按钮，返回"安全策略"界面，如图 3-42 所示。

（7）登录实验平台对应实验拓扑左侧虚拟机，进入 PC1，如图 3-43 所示。

（8）进入实验虚拟机，打开实验虚拟机 PC1 中的火狐浏览器，在地址栏中输入"ftp：//110.69.80.100"，进入 FTP 网站首页。在服务器上发现"工作人员联系方式电话.xlsx"，尝试下载它，如图 3-44 所示。

（9）单击"工作人员联系方式电话.xlsx"，在弹出的界面中单击"确定"按钮，如图 3-45 所示。

（10）下载完成后，系统自动打开表格，可见正确的内容，符合预期要求，如图 3-46 所示。

图 3-40 打开安全策略

图 3-41 编辑安全策略

图 3-42 安全策略界面

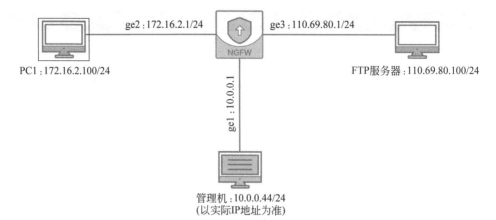

图 3-43　登录左侧虚拟机

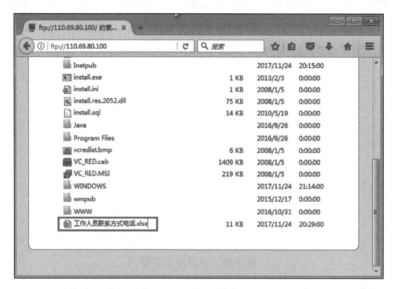

图 3-44　FTP 服务器之二

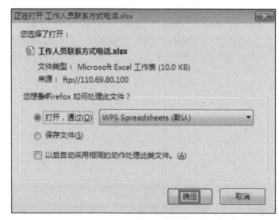

图 3-45　下载表格之二

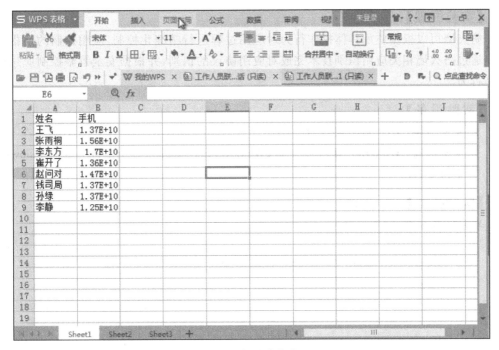

图 3-46 打开表格之二

【实验思考】

（1）怎样配置内容过滤规则，才能使员工不能访问包含手机号码的网页内容？

（2）怎样配置内容过滤规则，才能使员工仅仅不能访问包含网易邮箱格式的网页内容？

（3）通过关键字配置过程，如何在防火墙实现文件过滤和邮件过滤等内容过滤功能？

3.2.2 防火墙行为管控实验

【实验目的】

管理员通过配置防火墙的行为管控功能，可以对 HTTP、POP3、IMAP、FTP、TEL-NET 协议进行细粒度的控制，过滤不受信任的网络行为。

【知识点】

行为管控、安全策略。

【场景描述】

A 公司经理发现有员工在工作时间利用互联网做一些与工作无关的事情，例如浏览购物网站等，于是经理找到安全运维工程师，要求其利用防火墙的功能，让企业内部的工作人员无法访问这些网站，以便提高员工的工作效率。同时，经理还有一个需求，为了保障 FTP 服务器的安全性，要求安全运维工程师通过防火墙的配置实现员工不能通过命令行的方式登录 FTP 服务器。请思考应怎样配置防火墙才能满足经理的要求。

【实验原理】

防火墙可以根据应用具体操作行为对应用过程进行精细化控制,应用控制的前提条件是通过防火墙相关应用识别技术完成对应用协议的识别,并根据安全策略控制应用的具体行为。

【实验设备】

- 安全设备:防火墙设备 1 台。
- 主机终端:Windows XP 主机 1 台,Windows Server 2003 SP1 主机 1 台,Windows 7 主机 1 台。

【实验拓扑】

实验拓扑如图 3-47 所示。

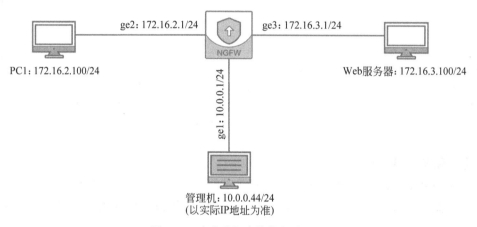

图 3-47　防火墙行为管控实验拓扑

【实验思路】

(1) 配置网络行为管理策略。
(2) 配置需要管理的应用层协议的动作。
(3) 配置需要管理的应用层协议的条件。
(4) 网络行为管理加入安全策略。

【实验要点】

下一代防火墙管理员可依次单击"对象配置"→"安全配置文件"→"行为管控",添加行为管理策略,配置需要管理的应用层协议的动作及对应的条件,然后单击"策略配置"→"安全策略",引用行为管控策略,来实现防火墙对指定应用层协议的行为管控功能。

【实验步骤】

(1)~(3) 登录并管理防火墙,检查防火墙的工作状态。
(4) 单击面板上方导航栏中的"网络配置",单击 ge2 右侧"操作"中的笔形标志,编辑 ge2 接口。

（5）本实验中，ge2 接口模拟连接公司内部网络中的一台计算机，因此将 ge2 口 IP 设置为"172.16.3.1"，掩码为"255.255.255.0"，安全域为 trust，后续步骤按照此要求进行调整。在"编辑物理接口"界面中，"工作模式"选中"路由模式"单选按钮，单击本地地址列表中的 IPv4 标签列表中的"＋添加"按钮。如果已有 IP 地址的设置，则单击 IP 地址右侧"操作"的笔形标志，视具体情况决定，其他保持默认配置。

（6）在"添加 IPv4 本地地址"界面中，输入本实验设定的 IP 地址"172.16.3.1"，该地址用于与实验虚拟机通信使用，输入子网掩码为"255.255.255.0"，类型默认为 float，如图 3-48 所示。

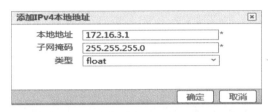

图 3-48　编辑 ge2 接口 IP 地址参数

（7）单击"确定"按钮，返回"编辑物理接口"界面，再单击"确定"按钮，关闭"编辑物理接口"界面。

（8）在本实验中，ge3 口用于模拟连接 CMS 服务器，因此将 ge3 口 IP 设置为"172.16.2.1"，掩码为"255.255.255.0"，安全域为 untrust，后续步骤按照此要求进行调整。在"编辑物理接口"界面中，"工作模式"选中"路由模式"单选按钮，单击本地地址列表中的 IPv4 标签列表中的"＋添加"按钮。如果已有 IP 地址设置，则单击 IP 地址右侧"操作"的笔形标志，视具体情况决定，其他保持默认配置。

（9）在"添加 IPv4 本地地址"界面中，输入本实验设定的 IP 地址"172.16.2.1"，该地址用于与 CMS 服务器通信使用，输入子网掩码为"255.255.255.0"，类型默认为 float，如图 3-49 所示。

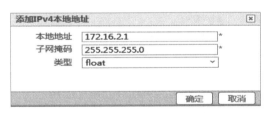

图 3-49　编辑 ge3 接口 IP 地址参数

（10）单击"确定"按钮，返回"编辑物理接口"界面，确定接口的相关信息准确无误后，再单击"确定"按钮，返回"接口"界面。查看 ge2 和 ge3 接口信息，如图 3-50 所示。

| ge2 | 路由模式 | 172.16.3.1/255.255.255.0
fe80::216:31ff:fee4:66bb/64 | 0 | trust | ■ | 📄 | 📄 | 1 | ☑ | ✎ |
| ge3 | 路由模式 | 172.16.2.1/255.255.255.0
fe80::216:31ff:fee4:66bc/64 | 0 | untrust | ■ | 📄 | 📄 | 1 | ☑ | ✎ |

图 3-50　查看 ge2 和 ge3 接口信息

（11）单击面板上方导航栏中的"策略配置"，单击左侧的"安全策略"，在"安全策略"界面中单击"添加"按钮，添加安全策略，如图 3-51 所示。

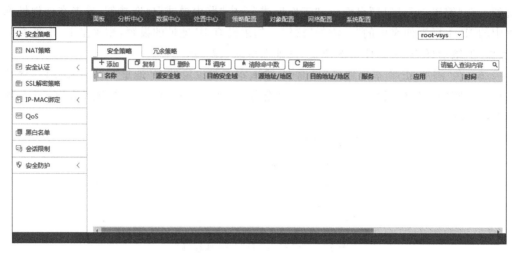

图 3-51　"安全策略"界面

（12）在"添加安全策略"界面中，在"名称"中输入"行为管控策略"，设置"源安全域"为 trust，ge2 接口在该域中，设置"目的安全域"为 untrust，ge3 接口在该域中。其他保持默认配置，单击"确定"按钮，如图 3-52 所示。

图 3-52　添加安全策略

（13）单击面板上方导航栏中的"对象配置"，单击左侧的"安全配置文件"，选择"行为管控"，在"行为管控"界面中单击"＋添加"按钮，如图 3-53 所示。

（14）在"添加行为管控"界面中，在"名称"中输入"行为管控"，单击 HTTP，勾选"浏览网页"复选框,选中"阻断"单选按钮,它的功能是阻止访问网页,如图 3-54 所示。

图 3-53　"行为管控"界面

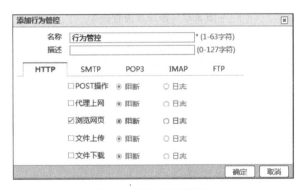

图 3-54　添加行为管控 1

(15) 切换至 FTP 栏目,"动作"选择"阻断",选中"命令"。箭头将 FTP 所有命令加入"已选"列表中,单击"确定"按钮,禁止用户使用命令登录 FTP 服务器,如图 3-55 所示。

(16) 单击面板上方导航栏中的"策略配置",在"安全策略"界面中单击"行为管控策略",如图 3-56 所示。

(17) 在"编辑安全策略"界面中,单击"高级",设置"配置文件类型"为"安全配置文件",设置"行为管控"为"行为管控",单击"确定"按钮。至此,行为管控设置生效,如图 3-57 所示。

【实验预期】

(1) 添加防火墙行为管控之前,实验主机能够访问 CMS 服务器搭建的网站并可以通过命令行的形式登录 FTP 服务器。

(2) 添加防火墙行为管控之后,实验主机无法访问 CMS 服务器搭建的网站并且无法登录 FTP 服务器。

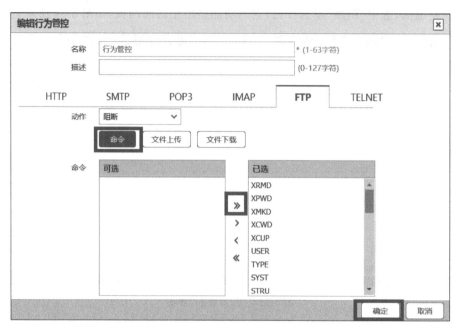

图 3-55　添加行为管控 2

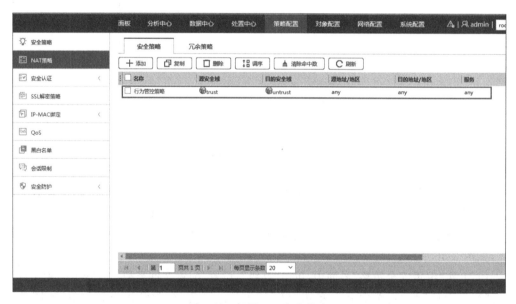

图 3-56　打开 360 安全策略

【实验结果】

1）添加行为管控后，访问目标网站失败，用户无法登录 FTP 服务器

（1）进入实验平台对应的实验拓扑，单击左侧的虚拟机，进入虚拟机，如图 3-58 所示。

（2）打开浏览器，在地址栏中输入"http：//172.16.3.100"，访问目标网站失败，如图 3-59 所示。

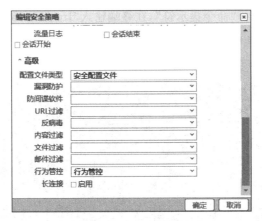

图 3-57 编辑安全策路

图 3-58 实验拓扑

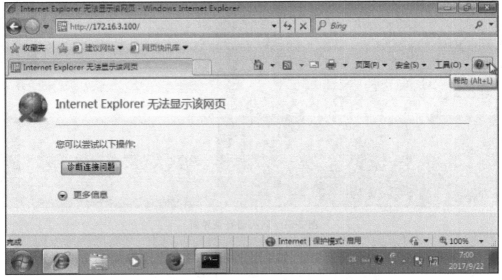

图 3-59 访问目标网站失败

（3）单击"开始"，选择"命令提示符"，在终端输入"ftp 172.16.3.100"，然后输入用户名 ftptest，发现无法登录 FTP 服务器，如图 3-60 所示。

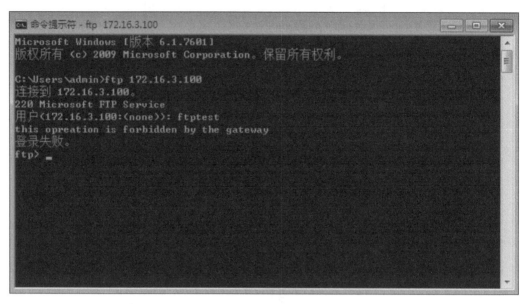

图 3-60　登录失败

2）撤销行为管控后，成功访问目标网站并登录 FTP 服务器

（1）在管理机打开浏览器，在地址栏输入防火墙产品的 IP 地址"https：//10.0.0.1"（以实际设备 IP 地址为准），进入防火墙的登录界面。输入管理员用户名 admin 和密码"!1fw@2soc♯3vpn"登录防火墙。登录界面如图 3-61 所示。

图 3-61　防火墙登录界面

（2）为提高防火墙系统的安全性，如果用户用默认密码登录防火墙，防火墙会提示用户修改初始密码，本实验在这里单击"取消"按钮。如图 3-62 所示。

图 3-62　初始密码修改

（3）登录防火墙设备后，会显示防火墙的面板界面。如图 3-63 所示。

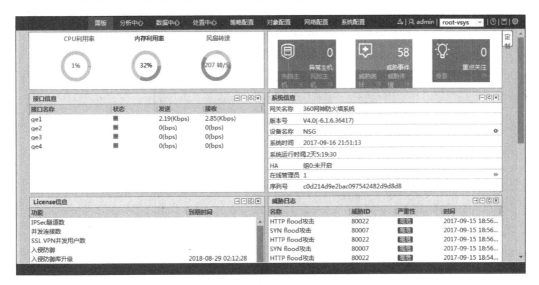

图 3-63　防火墙面板界面

（4）单击面板上方导航栏中的"策略配置"，再单击左侧的"安全策略"。在"安全策略"界面中单击名称为"行为管控策略"的安全策略，如图 3-64 所示。

（5）进入"编辑安全策略"界面，单击"高级"，设置"配置文件类型"为"--NONE--"，这样就撤销了已设置的过滤规则，如图 3-65 所示。

（6）单击"确定"按钮，返回"安全策略"界面，如图 3-66 所示。

（7）进入实验虚拟机 PC1，打开实验虚拟机中的 IE 浏览器，在地址栏中输入"http://172.16.3.100"，进入 CMS 网站首页。成功访问此网站，说明添加的行为管控规则有效，如图 3-67 所示。

（8）单击"开始"，选择"命令提示符"，在终端输入"ftp 172.16.3.100"，然后输入用户名 ftptest，按 Enter 键后输入密码 123456，发现成功登录 FTP 服务器，如图 3-68 所示。

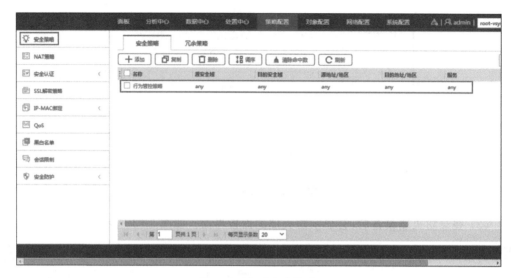

图 3-64　打开安全策略

图 3-65　编辑安全策略

图 3-66　安全策略界面

图 3-67　访问目标网站成功

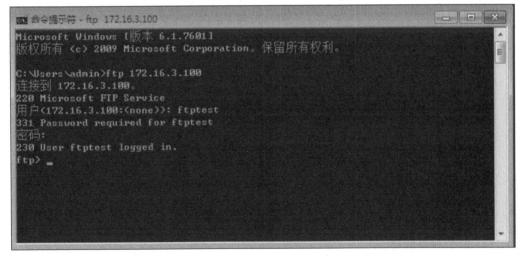

图 3-68　成功登录 FTP 服务器

【实验思考】

（1）要使防火墙能记录访问此 CMS 网页的日志信息，应该怎样添加行为管控？

（2）要使员工不能在 CMS 网页的空白框里输入信息，应该怎样添加行为管控？

3.3 安全防护配置

3.3.1 防火墙反病毒配置实验

【实验目的】

管理员通过配置防火墙的反病毒功能,为流经防火墙的数据进行病毒检测,提供基于特征的病毒防御功能。

【知识点】

病毒、病毒特征、安全配置文件、安全域、安全策略。

【场景描述】

A 公司近期频繁遭遇病毒攻击,对内部网络、计算机、服务器构成很大的安全威胁,安全运维工程师除了在主机上安装病毒防护软件之外,还需要在防火墙中启用病毒检测功能,对进出防火墙的数据进行病毒检测,防止病毒在内网传播。请思考应如何配置防火墙的反病毒功能。

【实验原理】

防火墙支持对 HTTP 文件上传和下载、SMTP、POP3、IMAP 协议发送的电子邮件及其附件等进行病毒扫描,根据扫描结果留存病毒样本,并进行处理。除本地及云端病毒库外,管理员还可自定义病毒对象,并在反病毒策略中引用自定义病毒对象。在特殊情况下,还支持病毒例外功能,将指定的病毒放入白名单不进行处置。

【实验设备】

- 安全设备:防火墙设备 1 台。
- 网络设备:路由器 1 台,二层交换机 1 台。
- 主机终端:Windows Server 2003 SP2 主机 1 台,Windows XP 主机 1 台,Windows 7 主机 1 台。

【实验拓扑】

实验拓扑如图 3-69 所示。

【实验思路】

(1) 配置防火墙接口和安全域。

(2) 配置对象管理。

(3) 配置安全策略。

(4) 配置静态路由。

(5) 配置源 NAT 转换。

(6) 未配置病毒检测策略前,内网主机可正常下载带有病毒的压缩文件。

(7) 配置病毒检测策略后,内网主机下载带有病毒的压缩文件时被阻断。

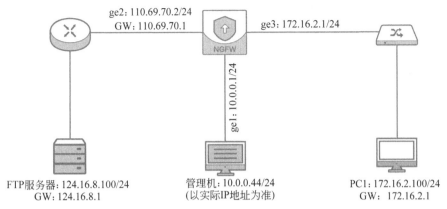

FTP服务器: 124.16.8.100/24　　　管理机: 10.0.0.44/24　　　　PC1: 172.16.2.100/24
GW: 124.16.8.1　　　　　　　　（以实际IP地址为准）　　　　　GW: 172.16.2.1

图 3-69　防火墙反病毒配置实验拓扑

【实验要点】

下一代防火墙管理员可依次单击"对象配置"→"安全配置文件"→"反病毒",添加反病毒策略,再单击"策略配置"→"安全策略",添加安全策略并引用反病毒策略。

【实验步骤】

（1）～（3）登录并管理防火墙,检查防火墙的工作状态。

（4）配置网络接口。单击面板上方导航栏中的"网络配置"→"接口",显示当前接口列表,单击 ge2 右侧"操作"中的笔形标志,编辑 ge2 接口设置。

（5）在弹出的"编辑物理接口"界面中,ge2 是模拟连接 Internet 的接口,因此"安全域"设置为 untrust,"工作模式"选中"路由模式"单选按钮,在"本地地址列表"中的 IPv4 标签栏中,单击"＋添加"按钮。

（6）在弹出的"添加 IPv4 本地地址"界面中,在"本地地址"中输入 ge2 对应的 IP 地址"110.69.70.2","子网掩码"输入"255.255.255.0","类型"设置为 float,如图 3-70 所示。

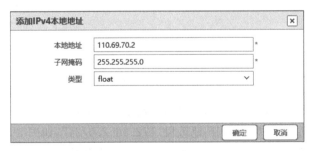

图 3-70　输入 ge2 对应 IP 地址

（7）单击"确定"按钮,返回"编辑物理接口"界面,确认 ge2 接口信息是否无误。

（8）单击"确定"按钮,返回"接口"列表,继续单击 ge3 右侧的笔形标志,编辑 ge3 接口信息。ge3 接口模拟连接公司内网,因此"安全域"设置为 trust,"工作模式"选中"路由模式"单选按钮,在"本地地址列表"一栏中,单击 IPv4 一栏中的"＋添加"按钮。

（9）在弹出的"添加 IPv4 本地地址"界面中，"本地地址"输入 ge3 对应的 IP 地址"172.16.2.1"，"子网掩码"输入"255.255.255.0"，如图 3-71 所示。

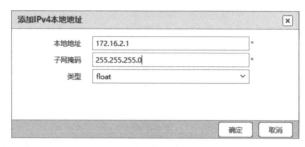

图 3-71　编辑 ge3 接口信息

（10）单击"确定"按钮，返回"编辑物理接口"界面，确认 ge3 接口信息是否无误。

（11）单击"确定"按钮，返回"接口"界面，查看 ge2 和 ge3 接口信息，如图 3-72 所示。

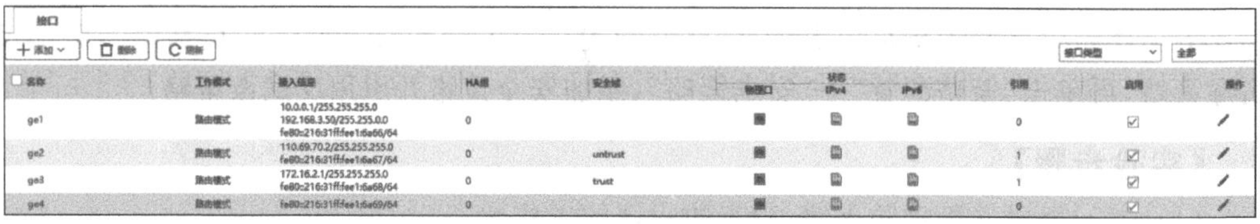

图 3-72　"接口"列表

（12）网络接口设置完成后，进行对象配置。单击上方导航栏中的"对象配置"→"地址"→"地址"，显示当前的地址对象列表，如图 3-73 所示。

图 3-73　"地址"标签页

（13）单击"＋添加"按钮，在弹出的"添加地址"界面中，在"名称"中输入"内网地址段"，"IP 地址"输入 ge3 口对应的 IP 地址段"172.16.2.0/24"，如图 3-74 所示。

（14）单击"确定"按钮，返回"地址"列表，查看添加的内网地址段对象，如图 3-75 所示。

（15）配置地址对象后，配置基础安全策略。单击上方导航栏中的"策略配置"→"安全策略"，显示当前的安全策略列表，如图 3-76 所示。

（16）单击"＋添加"按钮，在弹出的"添加安全策略"界面中，在"名称"中输入"内网访问外网"，"动作"选中"允许"单选按钮，"源安全域"设置为 trust，"目的安全域"设置

图 3-74　添加内网地址段对象

图 3-75　地址对象列表

图 3-76　安全策略列表

为 untrust,"源地址/地区"设置为"内网地址段","目的地址/地区""服务""应用"均设置为 any,如图 3-77 所示。

（17）单击"确定"按钮,返回"安全策略"列表,查看添加的安全策略,如图 3-78 所示。

（18）配置静态路由。单击"网络配置"→"路由"→"静态路由",显示当前的静态路由列表,如图 3-79 所示。

（19）单击"＋添加"按钮,在弹出的"添加静态路由"界面中,"目的地址/掩码"保留默认的"0.0.0.0/0.0.0.0","类型"选中"网关"单选按钮,在"网关"中输入 ge2 口外接的路由器 IP 地址"110.69.70.1",如图 3-80 所示。

（20）确认无误后,单击"确定"按钮,返回静态路由列表,查看添加的静态路由信息,如图 3-81 所示。

（21）配置源 NAT 策略。单击上方导航栏中的"策略配置"→"NAT 策略"→"源NAT",显示当前的源 NAT 策略列表,如图 3-82 所示。

图 3-77　添加基本安全策略

图 3-78　安全策略列表

图 3-79　"静态路由"标签页

图 3-80　添加静态路由

图 3-81　静态路由列表

图 3-82　源 NAT 策略列表

　　（22）单击"＋添加"按钮,在弹出的"添加源 NAT"界面中,在"名称"中输入"内网地址转换",在"转换前匹配"一栏中,"源地址类型"选中"地址对象"单选按钮,"源地址"设置为"内网地址段","目的地址类型"选中"地址对象"单选按钮,"目的地址""服务"均设置为any,"出接口"设置为 ge2 接口;在"转换后匹配"一栏中,"地址模式"选中"动态地址"单选按钮,"类型"设置为 BY_ROUTE,如图 3-83 和图 3-84 所示。

图 3-83　配置源 NAT 策略

图 3-84　配置源 NAT 策略(转换后)

　　（23）确认无误后,单击"确定"按钮,返回源 NAT 策略列表,查看添加的源 NAT 策略,如图 3-85 所示。

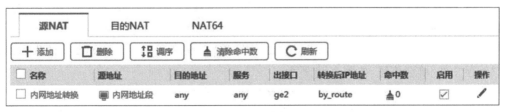

图 3-85　源 NAT 策略列表

（24）防火墙完成基本上网配置。

【实验预期】

（1）未配置反病毒检测策略前，内网主机可下载带有病毒的压缩文件。

（2）配置反病毒检测策略后，内网主机下载带有病毒的压缩文件时被阻断。

【实验结果】

1）未配置反病毒检测策略时下载带有病毒的压缩文件

（1）登录实验平台中对应实验拓扑右侧的 Windows XP 虚拟机 PC1，如图 3-86 所示。

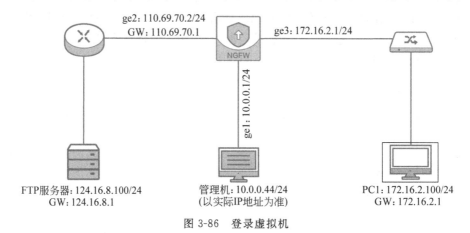

图 3-86　登录虚拟机

（2）双击桌面的火狐浏览器快捷图标，运行火狐浏览器，如图 3-87 所示。

图 3-87　运行火狐浏览器

（3）在地址栏中输入 ge2 接口连接的 FTP 服务器 IP 地址"ftp：//124.16.8.100"，如图 3-88 所示。

（4）单击名称为"CodeGreen.zip"的文件，弹出"正在打开 CodeGreen.zip"的界面，选中"保存文件"单选按钮，如图 3-89 所示。

（5）单击"确定"按钮，将该文件保存至桌面，如图 3-90 所示。

（6）单击"保存"按钮，进入虚拟机桌面，可见下载的压缩文档，如图 3-91 所示。

图 3-88　访问 FTP 服务器

图 3-89　下载含有病毒的压缩文档

图 3-90　保存文件至桌面

图 3-91　下载的还有病毒的压缩文档

（7）综上所述，在防火墙未配置反病毒检测策略时，内网主机可下载还有病毒的压缩文档，满足预期要求。

2）配置反病毒检测策略对带有病毒的压缩文件阻断

（1）返回防火墙的 Web UI 界面，单击上方导航栏中的"对象配置"→"安全配置文件"→"反病毒"，列出防火墙当前的反病毒安全配置文件列表，如图 3-92 所示。

图 3-92　"反病毒"界面

（2）在"反病毒"界面中，单击"＋添加"按钮，在弹出的"添加防病毒"界面中，在"名称"中输入"病毒检测"，在"应用解码"标签页中，默认启用对所有支持协议的检测，在其中的 FTP 协议一行，将"动作"设置为"阻断"，如图 3-93 所示。

（3）确认信息无误后，单击"确定"按钮，返回"反病毒"安全配置文件列表界面，列出添加的反病毒安全配置信息，如图 3-94 所示。

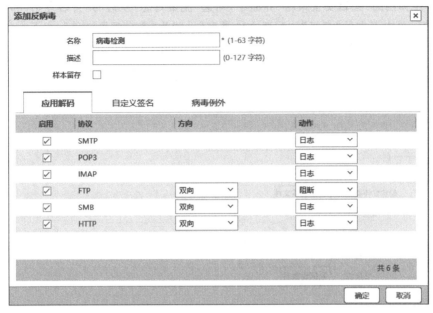

图 3-93　设置反病毒安全配置文件

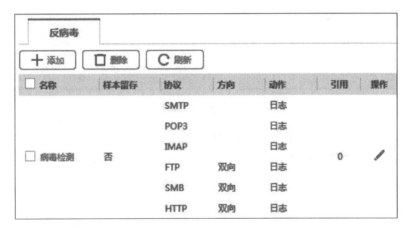

图 3-94　反病毒安全配置文件列表

（4）单击上方导航栏中的"策略配置"→"安全策略"，单击其中的"内网访问外网"策略，如图 3-95 所示。

图 3-95　单击"内网访问外网"安全策略

（5）在弹出的"编辑安全策略"界面中，勾选"流量日志"左边的"会话开始"和"会话结束"复选框，单击下方的"高级"，"配置文件类型"设置为"安全配置文件"，在下方的引用安全配置文件列表中，"反病毒"设置为"反病毒检测"，如图 3-96 所示。

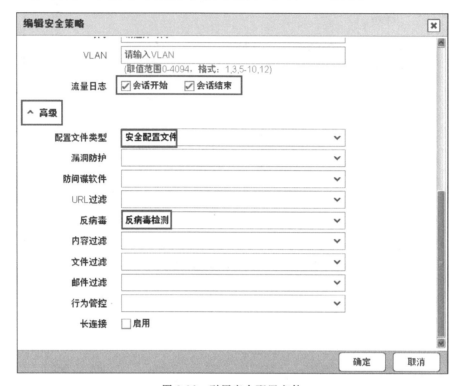

图 3-96　引用安全配置文件

（6）确认信息无误后，单击"确定"按钮，返回"安全策略"列表界面，在"内网访问外网"安全策略一行的"安全配置文件"列，可见增加了反病毒图标，如图 3-97 所示。

图 3-97　引用安全配置文件的标志

（7）登录实验平台对应实验拓扑右侧的虚拟机 PC1，如图 3-98 所示。

（8）再次在火狐浏览器中访问 FTP 服务器，如图 3-99 所示。

（9）单击"CodeGreen.zip"文件，此时浏览器会显示该文件包含病毒，被防火墙阻断，如图 3-100 所示。

（10）综上所述，防火墙采取反病毒安全策略后，内网主机下载包含病毒程序文档时，被防火墙识别其中的病毒文件并阻断，满足预期要求。

【实验思考】

（1）如果内网的杀毒软件需要更新病毒库，如何设置防火墙可使得内网杀毒软件获

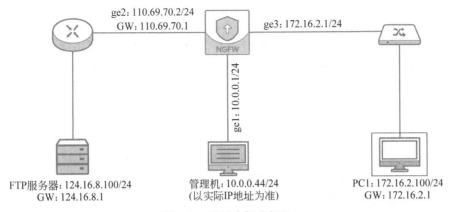

图 3-98　登录右侧虚拟机

图 3-99　访问 FTP 服务器

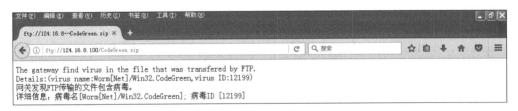

图 3-100　病毒文件被防火墙阻断

取病毒库数据更新？

（2）对于未在病毒库样本中的病毒，如何配置防火墙实现反病毒安全防护？

3.3.2　防火墙攻击防护管理实验

【实验目的】

针对企业信息系统面临的泛洪、欺骗等网络攻击，通过配置攻击防护策略实现对网络攻击的防御。

【知识点】

泛洪攻击、恶意扫描攻击、异常包攻击、欺骗攻击、安全域、安全策略。

【场景描述】

A 公司安全运维工程师通过监控软件发现公司的网络下行带宽出现异常满载,上行带宽被挤占,导致公司日常业务受到影响。安全运维工程师通过抓取数据包,发现其中充斥着各种泛洪数据包和扫描数据包。为保护公司网络资源,保障公司日常业务运行,请思考应如何通过配置防火墙解决这个问题。

【实验原理】

常见攻击包含针对 Flood、恶意扫描、欺骗防护、异常包攻击、ICMP 管控、应用层 Flood 等攻击的防护策略,防火墙通过配置相关策略的处理方法,如丢弃、警告等方式,以及对各种攻击接收到的数据包警戒值的设定,完成对网络攻击的防护管理。

【实验设备】

- 安全设备:防火墙设备 1 台。
- 网络设备:2 层交换机 1 台。
- 主机终端:Windows Server 2003 SP2 主机 1 台,Windows XP 主机 2 台,Windows 7 主机 1 台。

【实验拓扑】

实验拓扑如图 3-101 所示。

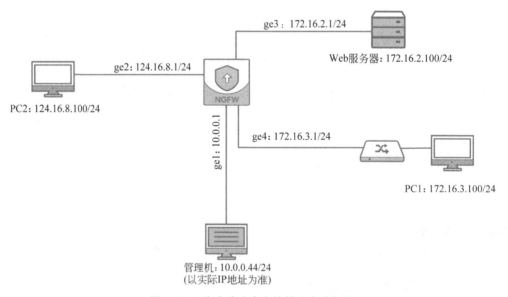

图 3-101　防火墙攻击防护管理实验拓扑

【实验思路】

(1) 配置防火墙网络接口。

(2) 配置防火墙的对象配置。

(3) 配置防火墙安全策略。

（4）配置防火墙 NAT 策略。

（5）针对泛洪攻击，设置防火墙"攻击防护"中的"Flood"以及"异常包攻击"的安全策略，实现对泛洪攻击的安全防护。

（6）针对恶意扫描攻击，设置防火墙"攻击防护"中的"恶意扫描"安全策略，实现对恶意扫描攻击的安全防护。

（7）针对 HTTP Flood 攻击，设置防火墙"攻击防护"中的"应用层 Flood"安全策略，实现对 HTTP Flood 攻击的安全防护。

（8）防火墙对遭遇的攻击做出响应，并在日志中展示反馈攻击信息。

【实验要点】

下一代防火墙管理员可依次单击"策略配置"→"安全防护"→"攻击防护"，完成攻击访问协议的选择配置。

【实验步骤】

（1）～（3）登录并管理防火墙，检查防火墙的工作状态。

（4）单击面板上方导航栏中的"网络配置"，单击 ge2 右侧"操作"中的笔形标志，编辑 ge2 接口设置。

（5）在本实验中，ge2 口用于连接模拟 Internet 的攻击者，因此将 ge2 口 IP 设置为"124.16.8.1"，掩码为"255.255.255.0"，安全域为 untrust，后续步骤按照此要求进行调整。在"编辑物理接口"界面中，工作模式选中"路由模式"单选按钮，单击本地地址列表中的 IPv4 标签列表中的"＋添加"按钮。如果已有 IP 地址设置，则单击 IP 地址右侧"操作"的笔形标志，视具体情况决定。

（6）在"添加 IPv4 本地地址"界面中，输入本实验设定的 IP 地址"124.16.8.1"，该地址用于与实验虚拟机通信使用，输入子网掩码为"255.255.255.0"，类型默认为 float，如图 3-102 所示。

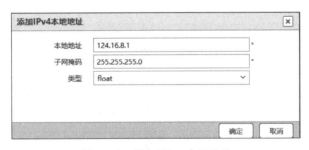

图 3-102　添加 IPv4 本地地址

（7）单击"确定"按钮，返回"编辑物理接口"界面，查看参数是否设置完毕，再单击"确定"按钮，关闭"编辑物理接口"界面。

（8）本实验中，ge3 接口和 ge4 接口模拟连接公司内部网络，其中，ge3 接口模拟公司内部网络中的 DMZ 区域，分配其 IP 地址段为"172.16.2.0"网段，接口对应 IP 为"172.16.2.1"；ge4 接口模拟公司内部子网，分配其 IP 地址段为"172.16.3.0"，接口对应 IP 为"172.16.3.1"，后续步骤以此描述为准。

（9）回到“接口”界面中，单击 ge3 接口右侧的笔形标志，设置 ge3 接口 IP 地址为“172.16.2.1”。

（10）由于 ge3 接口连接的是公司内网的 DMZ 区域，因此设置其安全域为 DMZ，在“本地地址列表”中 IPv4 编辑方法与 ge2 编辑方法相同，设置“本地地址”为“172.16.2.1”，“子网掩码”为“255.255.255.0”，如图 3-103 所示。

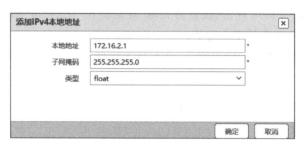

图 3-103　编辑 ge3 接口 IP 地址参数

（11）单击“确定”按钮，返回“编辑物理接口”界面，确认接口相关信息后，再单击“确定”按钮，返回“接口”界面。

（12）选择 ge4 右侧“操作”栏中的笔形标志，编辑 ge4 口的接口信息。ge4 口连接公司内网的接口，因此 ge4 的安全域为 trust。

（13）单击“本地地址列表”中 IPv4 右侧的笔形标志，输入 ge4 接口的“本地地址”为“172.16.3.1”，“子网掩码”为“255.255.255.0”，如图 3-104 所示。

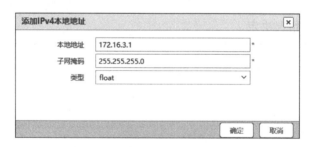

图 3-104　编辑 ge4 接口 IP 地址参数

（14）单击“确定”按钮，返回“编辑物理接口”界面，确定 ge4 接口的相关信息后，单击“确定”按钮，返回“接口”界面，查看 ge2、ge3 和 ge4 接口信息是否调整完毕，如图 3-105 所示。

ge2	路由模式	124.16.8.1/255.255.255.0 fe80::216:31ff:fee1:a80d/64	0	untrust
ge3	路由模式	172.16.2.1/255.255.255.0 fe80::216:31ff:fee1:a80e/64	0	dmz
ge4	路由模式	172.16.3.1/255.255.255.0 fe80::216:31ff:fee1:a80f/64	0	trust

图 3-105　查看 ge2、ge3 和 ge4 接口信息

（15）设置好网络接口后，对连接 ge3 和 ge4 接口的 IP 地址段进行对象配置，以便后续进行安全策略配置。单击上方导航栏中的“对象配置”→“地址”→“地址”，会显示地址列表信息，如图 3-106 所示。

图 3-106　地址界面

（16）单击"地址"界面中的"添加"按钮，将 DMZ 所在的"172.16.2.0/24"网段加入地址对象中。在"名称"中输入"DMZ 区域"，"IP 地址"输入"172.16.2.0/24"，如图 3-107 所示。

图 3-107　输入 DMZ 网段信息

（17）单击"确定"按钮，在"地址"列表中会显示添加的 DMZ 区域信息，如图 3-108 所示。

图 3-108　添加 DMZ 区域成功

（18）添加 DMZ 区域完成后，继续单击"添加"按钮，将内网主机地址段"172.16.3.0/24"添加到地址对象中，如图 3-109 所示。

图 3-109　添加内网主机地址段

（19）单击"确定"按钮,在"地址"列表中显示添加好的"DMZ 区域"和"内网地址段"两个地址对象,如图 3-110 所示。

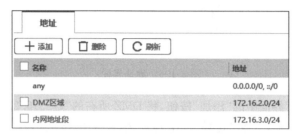

图 3-110　完成添加地址对象

（20）完成添加地址对象后,需要设置安全策略和 NAT 策略,以便外网主机可以访问 DMZ 区域中的 Web 服务器,以及内网主机可以连通外网主机。

（21）单击上方导航栏中的"策略配置"→"安全策略",会显示当前防火墙中的安全策略列表。由于尚未设置安全策略,所以安全策略列表为空,如图 3-111 所示。

图 3-111　"安全策略"界面

（22）单击"＋添加"按钮,设置外网访问内网的安全策略。在弹出的"添加安全策略"界面中,在"名称"中输入"访问 DMZ 区域","动作"选中"允许"单选按钮,"源安全域"设置为 untrust,"目的安全域"设置为 dmz,"源地址/地区"设置为 any,"目的地址/地区"设置为"DMZ 区域",DMZ 区域中的 Web 服务器向外提供的服务为 HTTP,因此"服务"设置为 HTTP,如图 3-112 所示。

（23）单击"确定"按钮,该条安全策略会显示在"安全策略"列表中,如图 3-113 所示。

（24）再设置内网用户访问外网的安全策略,单击"＋添加"按钮,在弹出的"添加安全策略"界面中,在"名称"中输入"内网访问外网","动作"选中"允许"单选按钮,"源安全域"设置为 trust,"目的安全域"设置为 any,"源地址/地区"设置为"内网地址段","目的地址/地区""服务""应用"均设置为 any,如图 3-114 所示。

（25）单击"确定"按钮,完成安全策略的添加,如图 3-115 所示。

图 3-112　配置访问 DMZ 区域安全策略

图 3-113　安全策略列表

图 3-114　添加内网访问外网安全策略

图 3-115　完成添加安全策略

（26）单击"策略配置"→"NAT 策略"，开始设置 NAT 策略，为保护内网用户，需要设置源 NAT 策略，单击"源 NAT"，显示当前的源 NAT 策略列表，如图 3-116 所示。

图 3-116　源 NAT 界面

（27）单击"＋添加"按钮，在弹出的"添加源 NAT"界面中，在"名称"中输入"内网地址转换"。"转换前匹配"一栏中，"源地址类型"选中"地址对象"单选按钮，"源地址"设置为"内网地址段"，"目的地址类型"选中"地址对象"单选按钮，"目的地址""服务""出接口"均设置为 any。"转换后匹配"一栏中，"地址模式"选中"静态地址"，"类型"设置为 IP，"地址"中输入 ge2 口的 IP 地址"124.16.8.1"，即内网用户访问外网，会将其内网网段"172.16.3.0"的 IP 地址转换为"124.16.8.1"，起到隐藏内部网络地址信息的目的，如图 3-117 和图 3-118 所示。

图 3-117　添加源 NAT 转换前匹配

图 3-118　添加源 NAT 转换后匹配

（28）单击"确定"按钮，完成源 NAT 策略的添加，如图 3-119 所示。

图 3-119 源 NAT 策略列表

（29）源 NAT 添加完成后，添加目的 NAT。单击"目的 NAT"标签，显示当前的目的
NAT 策略列表，如图 3-120 所示。

图 3-120 目的 NAT 策略列表

（30）目的 NAT 主要用于外网访问内网服务器时，通过防火墙将地址转换为内网对
应的地址和端口，在本实验中目的 NAT 转换对应到 DMZ 区域中 Web 服务器的 IP 地址
"172.16.2.100"。

（31）单击"＋添加"按钮，在弹出的"编辑目的 NAT"界面中，在"名称"中输入"访问
DMZ"，在"转换前匹配"一栏中，"源地址类型"选中"地址对象"单选按钮，"源地址"设置
为 any，"目的地址类型"选中"IP 地址"单选按钮，"目的地址"输入"124.16.8.1"（即 ge2
口的地址），"服务"设置为 HTTP，"入接口"设置为 any，如图 3-121 所示。

图 3-121 "编辑目的 NAT"界面

（32）在"转换后匹配"一栏中，"地址类型"设置为"IPv4 地址"，并输入 DMZ 区域中
Web 服务器的 IP 地址"172.16.2.100"，"端口"设置为"端口"，并输入 HTTP 协议默认端
口 80，端口号以实际 Web 服务器的端口号为准，如图 3-122 所示。

（33）单击"确定"按钮，完成目的 NAT 策略的添加，如图 3-123 所示。

（34）配置目的 NAT 策略后,基本网络环境配置完成,为实现攻击防护的目的,需要单击"策略配置"→"安全防护"→"攻击防护",并添加策略。

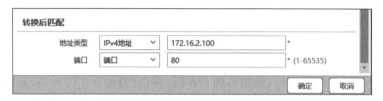

图 3-122　编辑目的 NAT 策略

图 3-123　目的 NAT 策略列表

（35）单击"攻击防护",列出当前的攻击防护策略列表,如图 3-124 所示。

图 3-124　"攻击防护"界面

（36）单击"＋添加"按钮,在"添加攻击防护"界面中,"安全域"设置为 untrust,即将 ge2 口代表的外网加入 untrust 安全域中。

（37）配置 Flood 防护策略,为验证有效性,警戒值设置较正常值偏低。设置"SYN Flood 处理"为"警告","警戒值"设置为 100(100 人使用的网络建议值为 1000)。设置"ICMP Flood 处理"为"丢弃","警戒值"设置为 50(100 人使用的网络建议值为 500)。设置"UDP Flood 处理"为"警告","警戒值"设置为 100(100 人使用的网络建议值为 1000)。设置"IP Flood 处理"为"丢弃","警戒值"设置为 50(100 人使用的网络建议值为 500),如

图 3-125 所示。

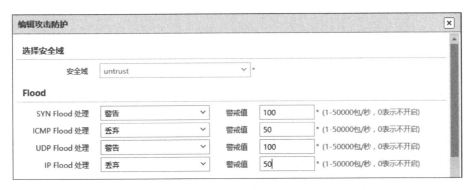

图 3-125　配置 Flood 防护策略

（38）配置恶意扫描策略。"禁止 Tracert"可根据实际情况选择，在本实验中为勾选，"IP 地址扫描攻击 处理"设置为"丢弃"，"警戒值"设置为 100（100 人使用的网络建议值为 1000），"端口扫描 处理"设置为"丢弃"，"警戒值"设置为 100（100 人使用的网络建议值为 1000），如图 3-126 所示。

图 3-126　配置恶意扫描防护策略

（39）配置欺骗防护。勾选"IP 欺骗"和"DHCP 监控辅助检查"复选框，如图 3-127 所示。

图 3-127　配置欺骗防护策略

（40）勾选"IP 欺骗"复选框，需要配置 IP 安全域关联，此部分等待添加攻击防护策略完成后再进行设置。

（41）配置异常包攻击。在"异常包攻击"一栏中，勾选所有复选框，如图 3-128 所示。

图 3-128　配置异常包攻击策略

（42）配置 ICMP 管控策略。在"ICMP 管控"一栏中，勾选所有复选框，如图 3-129 所示。

图 3-129　配置 ICMP 管控策略

（43）配置应用层 Flood 策略。在"应用层 Flood"一栏中，"DNS Flood 防护动作"设置为"普通防护"，"警戒值"设置为 100（100 人使用的网络建议值为 1000），"HTTP Flood 防护动作"设置为"普通防护"，"警戒值"设置为 100（100 人使用的网络建议值为 1000），如图 3-130 所示。

图 3-130　配置应用层 Flood 策略

（44）配置 SYN Cookie 策略。在"SYN Cookie"一栏中，勾选"启用"复选框，MSS 使用默认的 1460 即可，如图 3-131 所示。

图 3-131　配置 SYN Cookie 策略

（45）配置"攻击防护"策略完成后，会在列表中显示该策略内容，如图 3-132 所示。

图 3-132　攻击防护策略列表

（46）此时需要完成第 40 步中提到的"IP 安全域关联"策略配置，单击右侧的"IP 安全域关联"，如图 3-133 所示。

（47）将 ge2、ge3 和 ge4 接口对应的"124.16.8.0""172.16.2.0""172.16.3.0"三个网段添加到 IP 安全域关联中。单击"＋添加"按钮，在弹出的"添加 IP 安全域关联"界面中，在"本地地址"中输入"124.16.8.0"，"子网掩码"中输入"255.255.255.0"，"安全域"设置为 untrust，将 ge2 接口对应的 IP 地址段加入 IP 安全域关联中，如图 3-134 所示。

（48）添加 ge3 接口 IP 安全域关联。单击"＋添加"按钮，在弹出的"编辑 IP 安全域关联"界面中，在"本地地址"中输入"172.16.2.0"，"子网掩码"中输入"255.255.255.0"，

"安全域"设置为 dmz,如图 3-135 所示。

图 3-133 IP 安全域关联列表

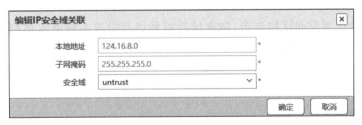

图 3-134 添加 ge2 口关联

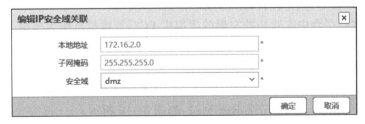

图 3-135 添加 ge3 口关联

(49)添加 ge4 接口 IP 安全域关联。单击"十添加"按钮,在弹出的"编辑 IP 安全域关联"界面中,在"本地地址"中输入"172.16.3.0","子网掩码"中输入"255.255.255.0","安全域"设置为 trust,如图 3-136 所示。

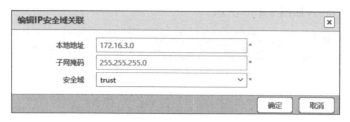

图 3-136　添加 ge4 口关联

（50）添加 ge2、ge3 和 ge4 口的 IP 安全域关联后，在"IP 安全域关联"列表，会显示相关信息，如图 3-137 所示。

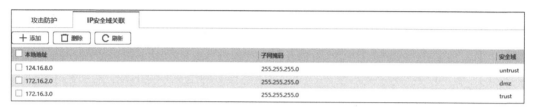

图 3-137　IP 安全域关联列表

【实验预期】

（1）外网攻击者主机可正常访问 DMZ 区域中的 Web 服务器。

（2）内网主机可正常 ping 通外网攻击者主机，用于测试内网访问外网的网络联通性。

（3）外网攻击者发起泛洪攻击，防火墙接收到的泛洪攻击数据包达到预设的警戒值后，对接收到的泛洪攻击数据包按照预设的处理方法处理。

（4）外网攻击者扫描防火墙对外端口（ge2），防火墙接收到扫描数据包后，进行警告。

（5）外网攻击者发起 HTTP Flood 攻击，防火墙接收到的 HTTP Flood 攻击数据包达到预设的警戒值后，进行警告。

【实验结果】

1）外网攻击者主机访问内网 DMZ 区域 Web 服务器

（1）登录实验平台中实验拓扑左侧的虚拟机 PC2（该虚拟机作为模拟外网攻击者，后续实验同理实施），如图 3-138 所示。

（2）双击桌面上的火狐浏览器快捷图标，如图 3-139 所示。

（3）在浏览器地址栏中输入"124.16.8.1"（火狐浏览器默认采用 http 方式，因此地址栏中未输入 http：//），可以正常显示网站，如图 3-140 所示。

（4）综上所述，外网主机可以访问内网 DMZ 区域 Web 服务器，满足预期要求。

2）内网主机连通外网

（1）登录实验平台中实验拓扑右侧的虚拟机 PC1（该虚拟机作为模拟内网用户），如图 3-141 所示。

（2）单击 Windows 开始菜单，在其中单击"命令提示符"，如图 3-142 所示。

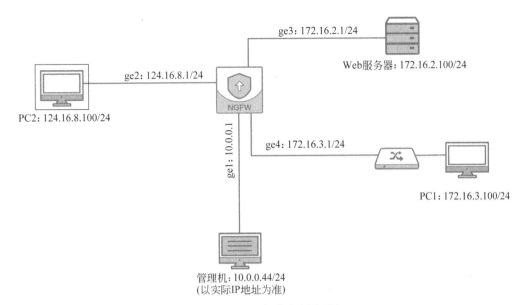

图 3-138　登录拓扑左侧虚拟机

图 3-139　双击火狐浏览器快捷图标

（3）通过命令 ping，测试是否可以连通外网主机"124.16.8.100"，测试内网与外网之间是否连通，在弹出的命令提示符窗口中输入命令"ping 124.16.8.100"，按 Enter 键查看窗口中输出的内容，如图 3-143 所示。

（4）从返回结果可验证内网用户可以连通外网，综上所述，满足预期要求。

3）外网泛洪攻击防护

（1）返回模拟外网用户的虚拟机，进入桌面的"实验工具"文件夹→"泛洪攻击"文件夹，如图 3-144 所示。

（2）双击其中的 UDP Flooder.exe 程序，运行泛洪攻击工具开始对防火墙进行泛洪攻击测试，其中，Host 设置为被攻击的 IP 地址，如图 3-145 所示。

（3）单击攻击软件界面中 Ports 一栏中的"＋"，添加 HTTP 协议默认端口 80 为被攻击端口，如图 3-146 所示。

图 3-140　浏览器访问网站正常

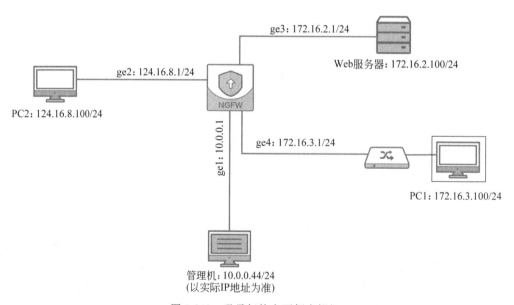

图 3-141　登录拓扑右下侧虚拟机

（4）单击 OK 按钮，添加端口完成后，将"Flood Type"设置为 UDP，"Packets/S"设置为 1000，表示泛洪攻击类型为 UDP Flood，攻击速率为 1000 个数据包每秒，如图 3-147 所示。

（5）设置好攻击参数后，单击下方的 Flood 按钮，开始攻击。此时右击 Windows 任务栏，在弹出的菜单中选择"任务管理器"，如图 3-148 所示。

图 3-142 单击"命令提示符"

图 3-143 使用 ping 命令测试内网外网是否连通

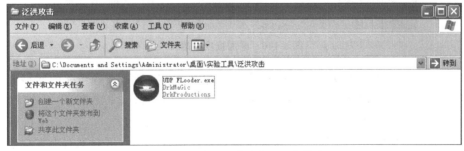

图 3-144 进入泛洪攻击工具文件夹

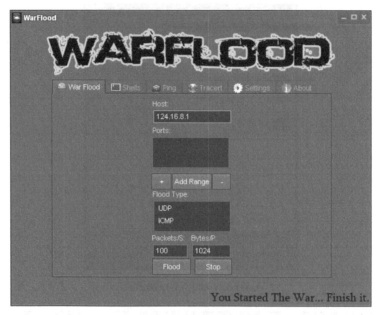

图 3-145　运行泛洪攻击工具

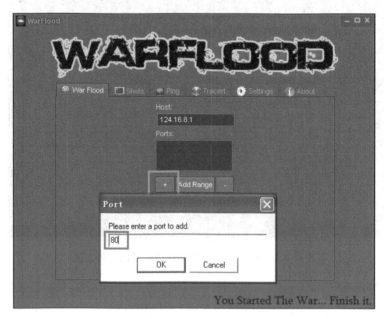

图 3-146　添加被攻击端口

（6）在弹出的"Windows 任务管理器"中，单击"联网"标签，查看当前的网络资源情况，后续攻击步骤均可采用这种方式查看攻击包是否发出，如图 3-149 所示。

（7）通过查看网络资源利用情况，可获知当前已发出攻击包。

（8）返回本地实验主机 PC1，登录防火墙后，在"面板"页面，可看到右上方黄色威胁事件报警信息，如图 3-150 所示。

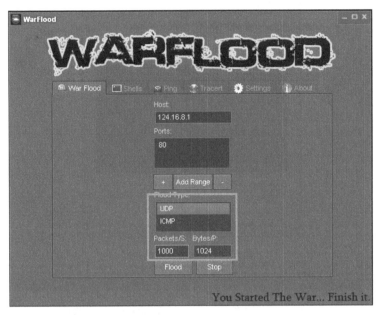

图 3-147　选择攻击类型和攻击速率

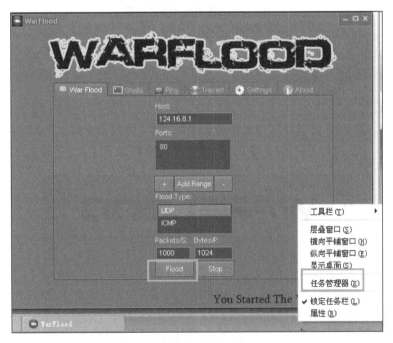

图 3-148　开始攻击

（9）单击报警信息下方的"威胁详情"，跳转到"威胁日志"页面，可查看当前的威胁是 UDP flood 攻击，以及攻击者和被攻击者等详细信息，如图 3-151 所示。

（10）返回外网虚拟机 PC2，在攻击软件界面将"Flood Type"设置为"ICMP"，如图 3-152 所示。

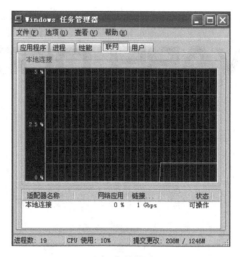

图 3-149　网络资源情况

图 3-150　黄色威胁事件报警

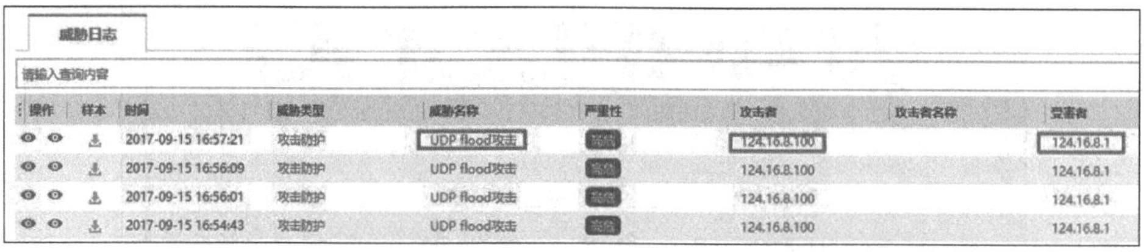

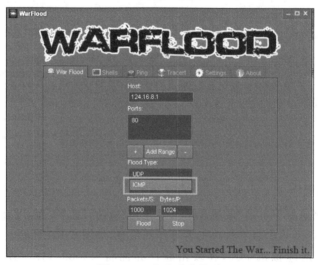

图 3-151　威胁详细信息

图 3-152　修改攻击类型

（11）再次返回防火墙的"数据中心"→"威胁日志"，可看到威胁信息中增加了 ICMP 超大包的威胁信息，如图 3-153 所示。

图 3-153　ICMP Flood 攻击威胁

（12）以 UDP Flood 和 ICMP Flood 为例，防火墙在受到外网泛洪攻击后，设定的防护策略生效，满足预期要求。

（13）返回外网攻击虚拟机 PC2，单击攻击软件中的"Stop"按钮，停止泛洪攻击，以便进行后续实验。

4）外网扫描防护

（1）进入外网攻击虚拟机 PC2，打开桌面的"实验工具"文件夹→"扫描攻击"文件夹，如图 3-154 所示。

图 3-154　进入扫描攻击文件夹

（2）双击其中的 ScanPort.exe 程序，运行扫描端口软件，在软件界面的"起始 IP"和"结束 IP"中输入 IP 地址"124.16.8.1"，"端口号"中输入"1-65535"，表明当前扫描主机为"124.16.8.1"，端口范围为"1-65535"，如图 3-155 所示。

（3）单击"扫描"按钮开始扫描端口，扫描软件界面会显示扫描结果，如图 3-156 所示。

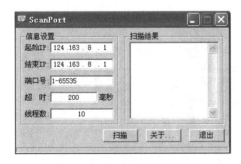

图 3-155　设置扫描端口参数

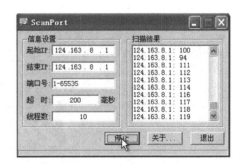

图 3-156　开始扫描端口

（4）登录防火墙设备，单击"数据中心"→"威胁日志"，可查看新增端口扫描的威胁信息，如图 3-157 所示。

图 3-157　端口扫描威胁

（5）返回攻击虚拟机 PC2，在 ScanPort 扫描端口软件中，单击"停止"→"退出"，完成扫描端口攻击测试。

（6）综上所述，防火墙受到端口扫描时，可以按照安全策略进行对应处置，满足预期要求。

5）外网 HTTP Flood 防护

（1）进入外网攻击虚拟机 PC2，打开桌面的"实验工具"文件夹→"应用层 Flood"文件夹，如图 3-158 所示。

图 3-158　进入应用层 Flood 文件夹

（2）双击其中的 LOIC.exe 程序，运行 HTTP Flood 软件，在软件界面的"IP"中输入 IP 地址"124.16.8.1"，并单击右侧的"Lock on"按钮，之后在"Selected target"中会显示该 IP 地址，如图 3-159 所示。

图 3-159　设置攻击主机并锁定

（3）设置攻击参数。在"Attack options"一栏中，将 Method 设置为 HTTP，不勾选"Wait for reply"复选框，如图 3-160 所示。

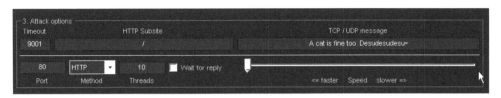

图 3-160　配置攻击参数

（4）配置攻击目标和参数后，单击软件右上方的"IMMA CHARGIN MAH LAZER"按钮，开始攻击，在软件界面下方会显示当前攻击状态，如图 3-161 所示。

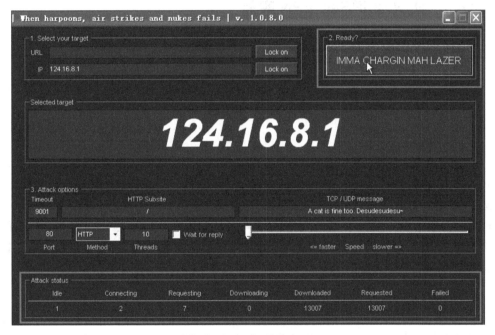

图 3-161　开始攻击

（5）登录防火墙设备，单击"数据中心"→"威胁日志"，可查看新增端口扫描的威胁信息，如图 3-162 所示。

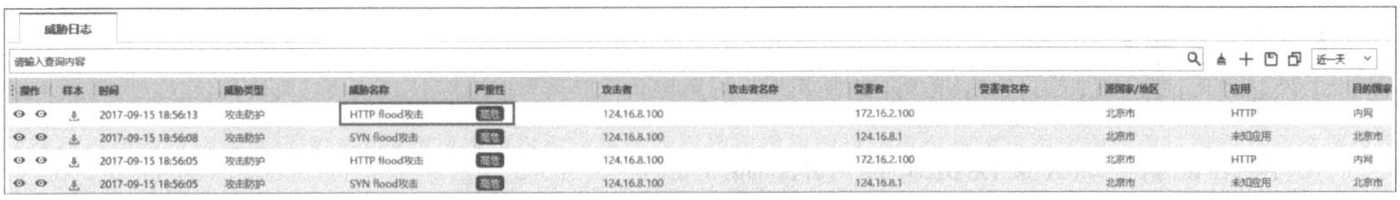

图 3-162　检测出 HTTP Flood 攻击

（6）返回攻击虚拟机 PC2，在 LOIC 扫描端口软件中，单击右上方的"Stop flooding"按钮，停止 HTTP Flood 攻击。

（7）综上所述，防火墙受到 HTTP Flood 攻击时，可以按照安全策略进行对应处置，满足预期要求。

【实验思考】

（1）发生攻击后，如何确定攻击防护的作用域，使得防火墙达到预期的攻击防护目的？

（2）多种泛洪攻击是利用 TCP/IP 协议的缺陷实现攻击的目的，在防火墙中针对 TCP 三次握手协议进行修改，专门防范 SYN Flood 攻击的设置是什么？

3.4 网络应用配置

3.4.1 防火墙 IPSec VPN 实验

【实验目的】

配置 IPSec VPN 连接，使得分支机构通过 VPN 方式连接总部服务器。

【知识点】

IPSec 协议、VPN、静态路由、安全域、安全策略。

【场景描述】

A 公司总部在北京，由于业务扩展，在西安建立分公司。为了获取分部业务数据，总公司的员工需通过内网地址访问分部的内网业务服务器。公司将这个任务交给了网络安全运维工程师，并且告诉他，目前总部部署了一台防火墙，分部网络出口有一台路由器，需要配置防火墙的 IPSec VPN 功能，实现总部与分部路由器之间建立 VPN 隧道，将分部和总部连接起来，使得总部内网主机可访问分部内网的业务服务器，获取分部的网站数据。请思考应如何配置防火墙的 IPSec VPN。

【实验原理】

VPN 是一种广泛用于组织总部和分支机构之间组网互连的技术，利用已有的互联网网络虚拟构建一条"专线"，将总部和分支机构连接起来，形成一个大的局域网。通过 IPSec 协议，可以为总部和分支机构之间的通信提供加密，保证通信及数据的安全。通过对防火墙"网络配置"中的 IPSec IKE 网关、IPSec 隧道进行配置，可实现与外网 VPN 网络设备的互联互通。

【实验设备】

• 安全设备：防火墙设备 1 台。

• 网络设备：2 层交换机 1 台，路由器 1 台。

• 主机终端：Windows Server 2003 SP2 主机 1 台，Windows XP 主机 1 台，Windows 主机 1 台。

【实验拓扑】

实验拓扑如图 3-163 所示。

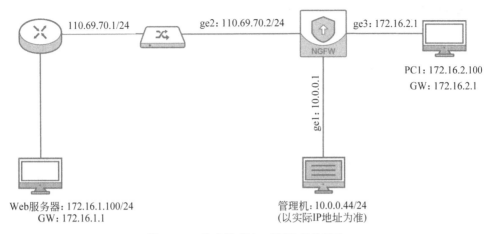

Web服务器：172.16.1.100/24
GW：172.16.1.1

PC1：172.16.2.100
GW：172.16.2.1

管理机：10.0.0.44/24
（以实际IP地址为准）

图 3-163 防火墙 IPSec VPN 实验拓扑

【实验思路】

（1）配置防火墙接口地址。

（2）配置静态路由。

（3）配置防火墙 IPSec VPN 第一阶段 IKE 提议和 IKE 网关。

（4）配置防火墙 IPSec VPN 第二阶段 IPSec 提议和 IPSec 网关。

（5）配置进入隧道的安全策略。

（6）配置来自隧道的安全策略。

【实验要点】

理解 IPSEC VPN 的工作过程，以及 IPSEC VPN 的两个工作阶段及各个阶段相关的协议，IPSEC VPN 对等体双方在两个工作阶段协商过程中必须保持一致的协商策略。

下一代防火墙管理员可依次单击"网络配置"→"VPN"→"IPSec IKE 网关"，完成相关配置。

【实验步骤】

（1）～（3）登录并管理防火墙，检查防火墙的工作状态。

（4）配置网络接口。单击面板上方导航栏中的"网络配置"→"接口"，显示当前接口列表，单击 ge2 右侧"操作"中的笔形标志，编辑 ge2 接口设置，如图 3-164 所示。

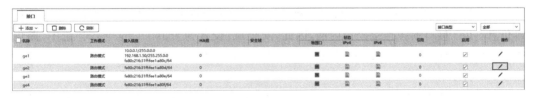

图 3-164 编辑 ge2 接口

（5）在弹出的"编辑物理接口"界面中，ge2 是模拟连接 Internet 的接口，因此"安全域"设置为 untrust，"工作模式"选中"路由模式"单选按钮，在"本地地址列表"中的 IPv4

标签栏中，单击"＋添加"按钮，如图 3-165 所示。

图 3-165　编辑 ge2 接口

（6）在弹出的"添加 IPv4 本地地址"界面中，在"本地地址"中输入 ge2 对应的 IP 地址"110.69.70.2"，"子网掩码"输入"255.255.255.0"，"类型"设置为 float，如图 3-166 所示。

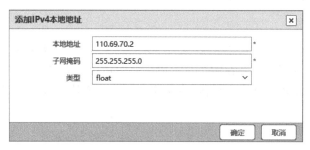

图 3-166　输入 ge2 对应 IP 地址

（7）单击"确定"按钮，返回"编辑物理接口"界面，确认 ge2 接口信息是否无误，如图 3-167 所示。

（8）单击"确定"按钮，返回"接口"列表，继续单击 ge3 右侧的笔形标志，编辑 ge3 接口信息。ge3 接口模拟连接公司内网，因此"安全域"设置为 trust，"工作模式"选中"路由模式"单选按钮，在"本地地址列表"一栏中，单击 IPv4 一栏中的"＋添加"按钮，如图 3-168 所示。

（9）在弹出的"添加 IPv4 本地地址"界面中，在"本地地址"中输入 ge3 对应的 IP 地址"172.16.2.1"，"子网掩码"输入"255.255.255.0"，如图 3-169 所示。

（10）单击"确定"按钮，返回"编辑物理接口"界面，确认 ge3 接口信息是否无误，如图 3-170 所示。

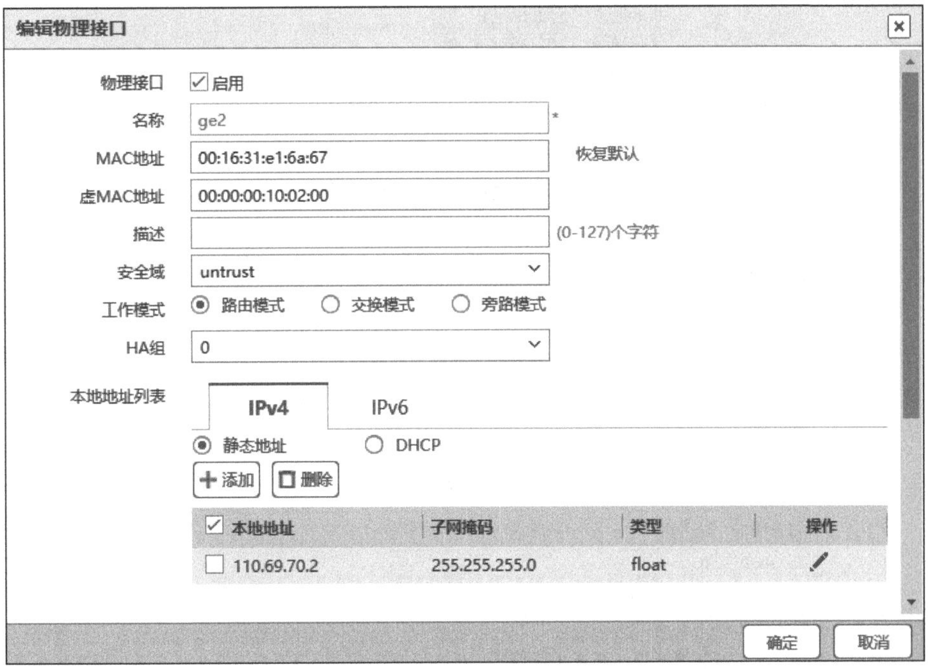

图 3-167　确认 ge2 接口信息

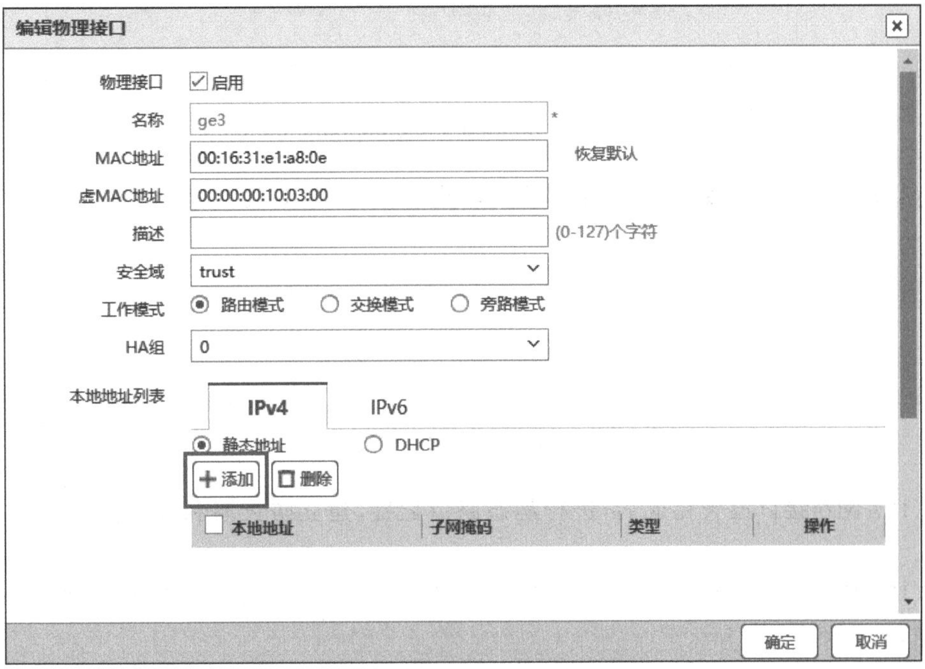

图 3-168　“编辑物理接口”界面

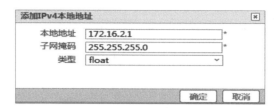

图 3-169　编辑 ge3 接口信息

图 3-170　查看 ge3 接口信息

（11）单击"确定"按钮，返回"接口"界面，查看 ge2 和 ge3 接口信息，如图 3-171 所示。

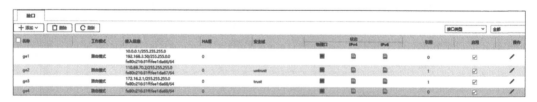

图 3-171　"接口"列表

（12）网络接口设置完成后，进行静态路由配置，建立防火墙和分部路由器之间的连接。

（13）单击"网络配置"→"路由"→"静态路由"，显示当前的静态路由列表，如图 3-172 所示。

（14）单击"＋添加"按钮，在弹出的"添加静态路由"界面中，在"目的地址/掩码"中输入分部路由对应的内部网络地址段"172.16.1.0/24"，"类型"选中"网关"单选按钮，在"网关"中输入路由器的 IP 地址"110.69.70.1"，如图 3-173 所示。

图 3-172　静态路由列表

图 3-173　添加静态路由

（15）单击"确定"按钮，返回"静态路由"列表界面，显示添加的静态路由信息，如图 3-174 所示。

图 3-174　静态路由信息表

（16）完成静态路由信息配置后，继续进行地址对象配置。单击上方导航栏中的"对象配置"→"地址"→"地址"，显示当前的地址对象列表，如图 3-175 所示。

（17）单击"＋添加"按钮，在弹出的"添加地址"界面中，在"名称"中输入"总部内网地址段"，"IP 地址"输入 ge3 口对应的 IP 地址段"172.16.2.0/24"，如图 3-176 所示。

（18）单击"确定"按钮，返回"地址"列表中，可查看添加的内网地址段对象，如图 3-177 所示。

图 3-175　地址对象列表

图 3-176　添加总部内网地址段对象

图 3-177　地址对象列表(已添加)

(19)继续单击"＋添加"按钮,在弹出的"添加地址"界面中,在"名称"中输入"分部内网地址段","IP 地址"输入分部内网地址段"172.16.1.0/24",如图 3-178 所示。

图 3-178　添加分部内网地址段

（20）单击"确定"按钮，返回"地址"列表界面，显示当前添加的两条地址对象，如图 3-179 所示。

图 3-179　地址对象列表（已添加两条）

（21）配置分部路由器的 IPSec 信息，以便防火墙进行对等配置。登录实验平台对应实验拓扑中的路由器，用户名为 admin，密码为空，如图 3-180 所示。

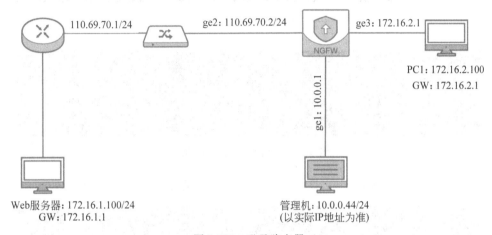

图 3-180　登录路由器

（22）在路由器命令行界面中输入命令：ip ipsec，进入路由器 IPSec 配置项，如图 3-181 所示。

图 3-181　进入路由器 IPSec 配置项

（23）输入命令：peer，开始 IKE 第一阶段的信息配置，如图 3-182 所示。

（24）输入命令：print，显示当前路由器的 peer 配置清单，如图 3-183 所示。

（25）表明当前并没有配置 peer 信息，需要进行相关配置。输入命令：add address＝

110.69.70.2/24 auth-method＝pre-shared-key secret＝123456,并按 Enter 键,将防火墙 ge2 接口 IP 地址加入分部路由器 peer 配置信息中,如图 3-184 所示。

```
[admin@MikroTik] > ip ipsec
[admin@MikroTik] /ip ipsec> peer
[admin@MikroTik] /ip ipsec peer> _
```

图 3-182　进入 IPSec 第一阶段配置

```
[admin@MikroTik] > ip ipsec
[admin@MikroTik] /ip ipsec> peer
[admin@MikroTik] /ip ipsec peer> print
Flags: X - disabled
[admin@MikroTik] /ip ipsec peer> _
```

图 3-183　查看当前路由器 peer 配置清单

```
[admin@MikroTik] > ip ipsec
[admin@MikroTik] /ip ipsec> peer
[admin@MikroTik] /ip ipsec peer> print
Flags: X - disabled
[admin@MikroTik] /ip ipsec peer> add address=110.69.70.2/24 auth-method=pre-shar
ed-key secret=123456
[admin@MikroTik] /ip ipsec peer> _
```

图 3-184　添加路由器 peer 信息

(26) 再次输入命令: print,显示 peer 配置的详细信息,如图 3-185 所示。

```
[admin@MikroTik] /ip ipsec peer> pr
Flags: X - disabled
 0   address=110.69.70.2/24 port=500 auth-method=pre-shared-key secret="123456"
     generate-policy=no exchange-mode=main send-initial-contact=yes
     nat-traversal=no my-id-user-fqdn="" proposal-check=obey
     hash-algorithm=md5 enc-algorithm=3des dh-group=modp1024 lifetime=1d
     lifebytes=0 dpd-interval=2m dpd-maximum-failures=5
[admin@MikroTik] /ip ipsec peer> _
```

图 3-185　路由器 peer 配置信息

(27) 由图 3-185 可知,路由器 peer 配置中,验证算法使用 md5,加密算法使用 3des, DH 小组为 modp1024(即 Group2),认证类型设置为预共享密钥,密钥为 123456,记录相关内容用于后续配置防火墙时使用。

(28) 继续查看路由器 IPSec 提议信息,路由器中输入命令: /ip ipsec proposal print, 查看路由器的 IPSec 提议配置,如图 3-186 所示。

```
[admin@MikroTik] /ip ipsec peer> /ip ipsec proposal print
Flags: X - disabled, * - default
 0  * name="default" auth-algorithms=sha1 enc-algorithms=3des lifetime=30m
      pfs-group=modp1024
[admin@MikroTik] /ip ipsec peer> _
```

图 3-186　查看路由器 IPSec 提议

(29) 由图 3-186 可知,路由器 IPSec 提议中,验证算法为 sha1,加密算法为 3des,PFS 小组为 modp1024(即 Group2),记录相关参数,用于防火墙配置时使用。

(30) 继续配置路由器的 IPSec 隧道信息。在路由器命令行中输入命令: /ip ipsec

policy print,显示路由器 IPSec 隧道配置列表,如图 3-187 所示。

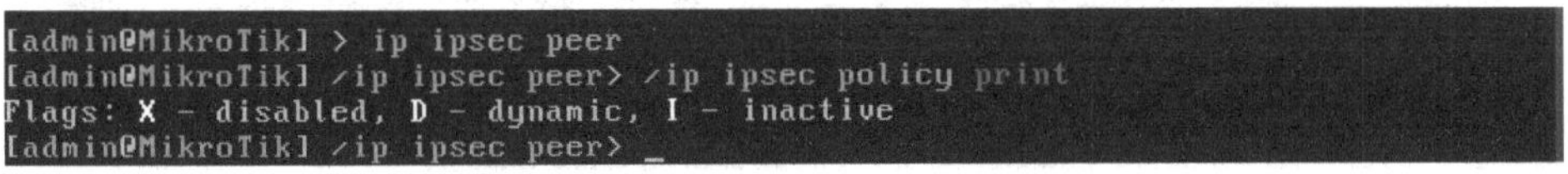

图 3-187　路由器当前 IPSec 隧道配置信息

（31）由图 3-187 可知路由器当前未添加 IPSec 隧道。输入命令：/ip ipsec policy,进入该配置子项中,继续输入命令：add src-address＝172.16.1.0/24 dst-address＝172.16.2.0/24 sa-src-address＝110.69.70.1 sa-dst-address＝110.69.70.2 tunnel＝yes,并按Enter 键,如图 3-188 所示。

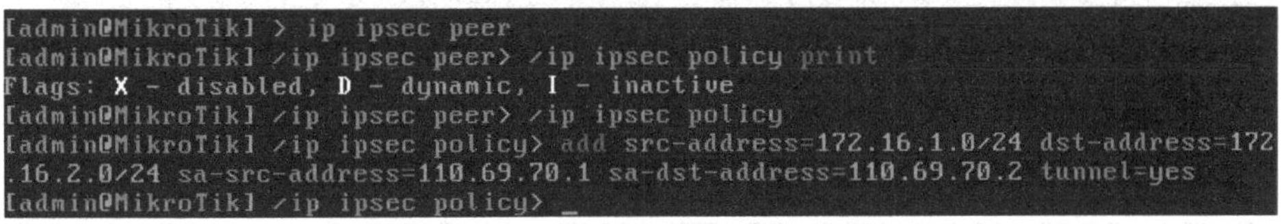

图 3-188　配置路由器 IPSec 隧道

（32）输入命令：print,查看相关配置是否添加成功,如图 3-189 所示。

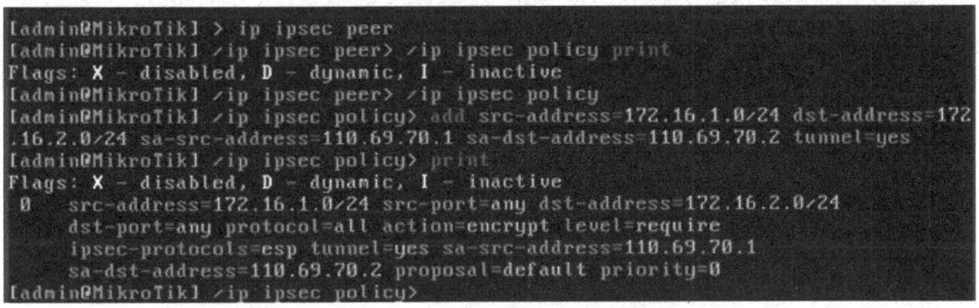

图 3-189　路由器添加 IPSec 隧道信息

（33）添加 IPSec 隧道信息后,需要指定路由器连接内网连接防火墙内网的路由信息,在路由器命令行界面中输入命令：/ip route,进入路由器路由设置命令,如图 3-190所示。

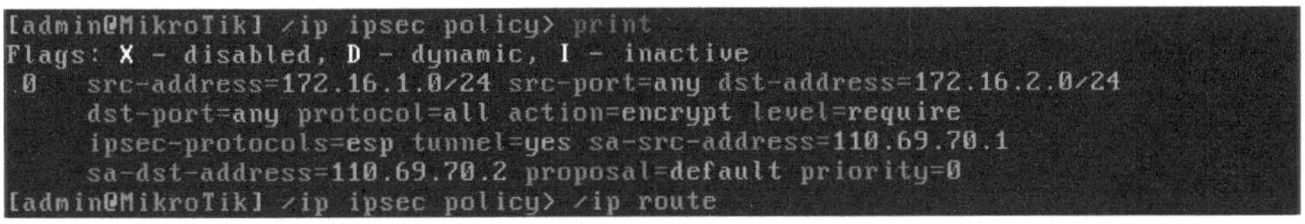

图 3-190　进入路由器路由设置界面

（34）输入命令：print,显示当前的路由信息,如图 3-191 所示。

（35）输入命令：add dst-address＝172.16.2.0/24 gateway＝110.69.70.2,并按Enter 键确认,设置进入防火墙内网的路由信息,如图 3-192 所示。

```
[admin@MikroTik] /ip route> print
Flags: X - disabled, A - active, D - dynamic,
C - connect, S - static, r - rip, b - bgp, o - ospf, m - mme,
B - blackhole, U - unreachable, P - prohibit
 #     DST-ADDRESS        PREF-SRC          GATEWAY              DISTANCE
 0 ADC 110.69.70.0/24     110.69.70.1       ether2                      0
 1 ADC 172.16.1.0/24      172.16.1.1        ether1                      0
```

图 3-191　路由信息

```
[admin@MikroTik] /ip route> print
Flags: X - disabled, A - active, D - dynamic,
C - connect, S - static, r - rip, b - bgp, o - ospf, m - mme,
B - blackhole, U - unreachable, P - prohibit
 #     DST-ADDRESS        PREF-SRC          GATEWAY              DISTANCE
 0 ADC 110.69.70.0/24     110.69.70.1       ether2                      0
 1 ADC 172.16.1.0/24      172.16.1.1        ether1                      0
[admin@MikroTik] /ip route> add dst-address=172.16.2.0/24 gateway=110.69.70.2
[admin@MikroTik] /ip route> _
```

图 3-192　添加路由信息

（36）再次输入命令：print，可见添加的路由信息，如图 3-193 所示。

```
[admin@MikroTik] /ip route> add dst-address=172.16.2.0/24 gateway=110.69.70.2
[admin@MikroTik] /ip route> print
Flags: X - disabled, A - active, D - dynamic,
C - connect, S - static, r - rip, b - bgp, o - ospf, m - mme,
B - blackhole, U - unreachable, P - prohibit
 #     DST-ADDRESS        PREF-SRC          GATEWAY              DISTANCE
 0 ADC 110.69.70.0/24     110.69.70.1       ether2                      0
 1 ADC 172.16.1.0/24      172.16.1.1        ether1                      0
 2 A S 172.16.2.0/24                        110.69.70.2                 1
[admin@MikroTik] /ip route>
```

图 3-193　路由信息表

（37）返回防火墙的 Web UI 界面，单击上方导航栏中的"网络配置"→"VPN"→"IPSec IKE 网关"，显示防火墙当前的 IKE 网关信息，如图 3-194 所示。

图 3-194　IKE 网关列表

（38）首先需要配置 IKE 提议，单击"IKE 提议"标签栏，显示防火墙中预设的 IKE 提议列表，如图 3-195 所示。

	名称	认证类型	加密算法	验证算法	DH组	生存时间(秒)	引用	操作
□	p1-l2tp-over-ipsec-windows	预共享密钥	DES/3DES/AES-128	MD5/SHA-1	Group2	86400	0	✎
□	psk-aes128-sha1-g2	预共享密钥	AES-128	SHA-1	Group2	86400	0	✎
□	psk-des-sha1-g2	预共享密钥	DES	SHA-1	Group2	86400	0	✎
□	psk-3des-sha1-g2	预共享密钥	3DES	SHA-1	Group2	86400	0	✎
□	psk-aes256-sha1-g2	预共享密钥	AES-256	SHA-1	Group2	86400	0	✎
□	psk-aes128-md5-g2	预共享密钥	AES-128	MD5	Group2	86400	0	✎
□	psk-des-md5-g2	预共享密钥	DES	MD5	Group2	86400	0	✎
□	psk-3des-md5-g2	预共享密钥	3DES	MD5	Group2	86400	0	✎
□	psk-aes256-md5-g2	预共享密钥	AES-256	MD5	Group2	86400	0	✎
□	rsa-aes128-sha1-g2	证书	AES-128	SHA-1	Group2	86400	0	✎
□	rsa-des-sha1-g2	证书	DES	SHA-1	Group2	86400	0	✎
□	rsa-3des-sha1-g2	证书	3DES	SHA-1	Group2	86400	0	✎
□	rsa-aes256-sha1-g2	证书	AES-256	SHA-1	Group2	86400	0	✎
□	rsa-aes128-md5-g2	证书	AES-128	MD5	Group2	86400	0	✎
□	rsa-des-md5-g2	证书	DES	MD5	Group2	86400	0	✎
□	rsa-3des-md5-g2	证书	3DES	MD5	Group2	86400	0	✎
□	rsa-aes256-md5-g2	证书	AES-256	MD5	Group2	86400	0	✎

图 3-195　防火墙 IKE 提议列表

（39）在其中可找到预定义列表中包含路由器的协议组合 psk-3des-md5-g2，见图 3-195 中的方框。单击"IKE 网关"标签页，单击其中的"＋添加"按钮，在弹出的"添加 IKE 网关"界面中，在"名称"中输入"分部路由器"，"接口"设置为防火墙对外接口 ge2，"本地地址"设置为 auto，"协商模式"选中"主模式"单选按钮，在"网络配置"栏中，"地址模式"选中"静态地址"单选按钮，"对端地址"输入分部路由器的 IP 地址"110.69.70.1"，IKE 提议（P1 提议）"设置为 IKE 提议中的"psk-3des-md5-g2"，在增加的"预共享密钥"中输入 123456（与路由器中设置必须相同），如图 3-196 所示。

图 3-196　配置 IKE 网关

（40）确认相关信息无误后，单击"确定"按钮，返回"IKE 网关"列表界面，可见添加的

IKE 网关信息,如图 3-197 所示。

图 3-197　IKE 网关列表

（41）完成 IKE 网关添加后,即完成 IPSec 隧道建立的第一阶段配置,继续添加 IPSec 隧道第二阶段。单击"网络配置"→"VPN"→"IPSec 隧道",显示防火墙中当前的 IPSec 隧道列表,如图 3-198 所示。

图 3-198　IPSec 隧道信息

（42）单击"IPSec 提议"标签,显示防火墙预定义的协议组合,如图 3-199 所示。

名称	协议	加密算法	验证算法	压缩算法	PFS组	生存时间(秒)	引用	操作
p2-l2tp-over-ipsec-windows	ESP	DES/3DES/AES-128	MD5/SHA-1	NULL	No PFS	28800	0	
esp-aes128-sha1-g0	ESP	AES-128	SHA-1	NULL	No PFS	28800	0	
esp-des-sha1-g0	ESP	DES	SHA-1	NULL	No PFS	28800	0	
esp-3des-sha1-g0	ESP	3DES	SHA-1	NULL	No PFS	28800	0	
esp-aes256-sha1-g0	ESP	AES-256	SHA-1	NULL	No PFS	28800	0	
esp-null-sha1-g0	ESP	NULL	SHA-1	NULL	No PFS	28800	0	
esp-aes128-md5-g0	ESP	AES-128	MD5	NULL	No PFS	28800	0	
esp-des-md5-g0	ESP	DES	MD5	NULL	No PFS	28800	0	
esp-3des-md5-g0	ESP	3DES	MD5	NULL	No PFS	28800	0	
esp-aes256-md5-g0	ESP	AES-256	MD5	NULL	No PFS	28800	0	
esp-null-md5-g0	ESP	NULL	MD5	NULL	No PFS	28800	0	
ah-sha1-g0	AH		SHA-1	NULL	No PFS	28800	0	
ah-md5-g0	AH		MD5	NULL	No PFS	28800	0	
esp-aes128-sha1-g2	ESP	AES-128	SHA-1	NULL	Group2	28800	0	
esp-des-sha1-g2	ESP	DES	SHA-1	NULL	Group2	28800	0	
esp-3des-sha1-g2	ESP	3DES	SHA-1	NULL	Group2	28800	0	
esp-aes256-sha1-g2	ESP	AES-256	SHA-1	NULL	Group2	28800	0	
esp-aes128-md5-g2	ESP	AES-128	MD5	NULL	Group2	28800	0	
esp-des-md5-g2	ESP	DES	MD5	NULL	Group2	28800	0	
esp-3des-md5-g2	ESP	3DES	MD5	NULL	Group2	28800	0	

图 3-199　IPSec 提议列表

（43）防火墙预定义列表中包含路由器 IPSec 第二阶段的协议组合 esp-3des-sha1-g2，见图 3-199 中的方框。单击"IPSec 隧道"标签，单击"＋添加"按钮，在弹出的"添加 IPSec 隧道"界面中，在"名称"中输入"分部路由器"，"IPSec(p2)提议"设置为"esp-3des-sha1-g2"，"IKE 网关"设置为"分部路由器"，勾选"启用"复选框，如图 3-200 所示。

图 3-200　配置 IPSec 隧道信息

（44）单击"高级"链接，在展开的高级设置中，"ID 模式"选中"手动"单选按钮，"源地址"输入总部内网主机地址段"172.16.2.0"，"源子网掩码"输入"255.255.255.0"，"目的地址"输入分部内网主机地址段"172.16.1.0"，"目的子网掩码"输入"255.255.255.0"，勾选"自动连接"复选框，其他保持默认设置，如图 3-201 所示。

图 3-201　配置 IPSec 隧道高级参数

（45）在 IPSec 隧道配置中，"ID 模式"可以选择"自动"模式，为使读者理解 IPSec 过程，本实验设置为手动模式，其中，源地址、目的地址的配置与路由器中 policy 配置过程相呼应。

（46）确认配置信息无误后，单击"确定"按钮，返回"IPSec 隧道"列表界面，可见添加的 IPSec 隧道信息，如图 3-202 所示。

（47）IPSec 隧道配置完成后，配置配合 IPSec 隧道的安全策略。单击上方导航栏中的"策略配置"，显示当前的安全策略列表，如图 3-203 所示。

图 3-202　IPSec 隧道列表

图 3-203　安全策略列表

（48）单击"＋添加"按钮，在弹出的"添加安全策略"界面中，在"名称"中输入"入隧道"，勾选"启用"复选框，"动作"选中"安全连接（隧道）"单选按钮，"隧道（VPN）"设置为"分部路由器"，"源安全域""目的安全域"均设置为 any，"源地址/地区"设置为"总部内网地址段"，"目的地址/地区"设置为"分部内网地址段"，如图 3-204 所示。

图 3-204　"添加安全策略"界面

（49）确认信息无误后，单击"确定"按钮，返回"安全策略"列表，可见添加的"入隧道"安全策略，如图 3-205 所示。

图 3-205 添加入隧道安全策略

（50）继续添加来自隧道数据的安全策略。再次单击"＋添加"按钮，在弹出的"添加安全策略"界面中，在"名称"中输入"出隧道"，勾选"启用"复选框，"动作"选中"允许"单选按钮，"源安全域""目的安全域"均设置为 any，"源地址/地区"设置为"分部内网地址段"，"目的地址/地区"设置为"总部内网地址段"，"来自隧道"设置为"分部路由器"，如图 3-206 所示。

图 3-206 配置来自隧道的安全策略

（51）确认信息无误后，单击"确定"按钮，返回"安全策略"列表，可见添加的两条安全策略，如图 3-207 所示。

图 3-207 安全策略列表

（52）至此，完成 IPSec 隧道配置。

【实验预期】

（1）防火墙与分部路由器建立 IPSec VPN 连接。

（2）总部内网用户可访问分部服务器网站。

【实验结果】

1）防火墙与分部路由器建立 IPSec VPN 隧道连接

（1）在防火墙 Web UI 界面中，单击"数据中心"→"监控"→"隧道监控"，可见防火墙已建立 IPSec 隧道，如图 3-208 所示。

图 3-208　隧道监控

（2）由图 3-208 可见隧道相关的 Cookie 值，本端、对端的 IP 地址，采用的算法信息，以及生存周期、方向、状态信息，该条目信息显示内容为 IPSec 第一阶段的相关信息。单击该隧道条目，在下方会显示该 IPSec 隧道第二阶段的相关信息，如图 3-209 所示。

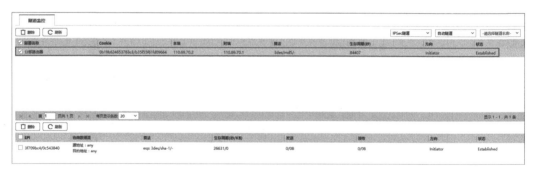

图 3-209　IPSec 隧道详细信息

（3）综上所述，防火墙已与分部路由器建立了 IPSec VPN 隧道，满足预期要求。

2）总部内网用户可访问分部服务器网站

（1）登录实验平台对应实验拓扑右侧的 Windows XP 虚拟机，如图 3-210 所示。

（2）在虚拟机桌面双击火狐浏览器快捷图标，运行火狐浏览器，如图 3-211 所示。

（3）在火狐浏览器的地址栏中，输入分部内网主机 IP 地址"172.16.1.100"，浏览器可正常浏览网站页面，如图 3-212 所示。

（4）综上所述，通过防火墙和分部路由器建立的 IPSec VPN 隧道连接，总部内网主机可正常访问分部内网服务器，满足预期要求。

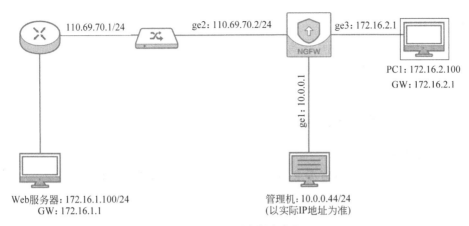

图 3-210 登录右侧虚拟机

图 3-211 运行火狐浏览器

图 3-212 浏览器正常浏览页面

【实验思考】

（1）除 IPSec 配置过程中，自动连接与触发连接工作模式有什么区别？

（2）IPSec 两个阶段都需要配置协议，本实验中的分部路由器和防火墙是否可采用不同的协议完成各自阶段的协议匹配？

3.4.2 防火墙 QoS 实验

【实验目的】

针对企业不同部门的带宽需求，对内网用户的下行流量进行流量控制。

【知识点】

QoS、NAT、安全域、安全策略。

【场景描述】

A 公司拥有 50MB 的出口带宽，公司为了提高网络资源利用效率，特安排安全运维工程师对内网用户的下行流量进行流量控制，设定规则为：财务部门用户最大带宽及保证带宽为 10MB；其他部门用户最大带宽及保证带宽为 40MB，并且每个用户的带宽不能超过 800KB。安全运维工程师需要利用防火墙的 QoS 设置，实现基于用户的带宽管控，请思考应如何对防火墙的 QoS 进行配置。

【实验原理】

QoS 是指 IP 网络的一种能力，即在跨越多种底层网络技术（MP、FR、ATM、Ethernet、SDH、MPLS 等）的 IP 网络上，满足丢包率、延迟、抖动和带宽等方面的要求，为特定的业务提供所需要的服务。更简单地说，QoS 针对各种不同需求，提供不同服务质量的网络服务。防火墙通过定制化的带宽管理，满足特定部门的使用需求，疏解普通用户使用带宽，通过最大带宽的限制，利用规则规范用户的使用，提高企业网络资源利用效率。

【实验设备】

- 安全设备：防火墙设备 1 台。
- 网络设备：2 层交换机 2 台。
- 主机终端：Windows Server 2003 SP2 主机 1 台，Windows XP 主机 2 台，Windows 7 主机 1 台。

【实验拓扑】

实验拓扑如图 3-213 所示。

【实验思路】

（1）配置财务部和其他部门的内网地址对象。

（2）配置 QoS 线路。

（3）添加虚拟 QoS，选择需要限制的数据方向。

（4）添加调度类。

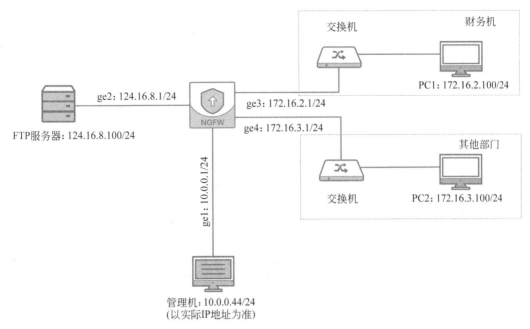

图 3-213　防火墙 QoS 实验拓扑

（5）为财务部门用户添加 QoS 规则。

（6）为其他部门用户添加 QoS 规则。

（7）财务部与其他部门下载文档时，应按照指定 QoS 规则实现带宽控制。

【实验要点】

下一代防火墙管理员在"策略配置"→QoS 中，可以对地址对象进行带宽策略定义。

【实验步骤】

（1）～（3）登录并管理防火墙，检查防火墙的工作状态。

（4）单击面板上方导航栏中的"网络配置"，单击 ge2 右侧"操作"中的笔形标志，编辑 ge2 接口设置。

（5）在本实验中，ge2 口用于模拟连接 Internet 的接口，因此将 ge2 口 IP 设置为 "124.16.8.1"，掩码为"255.255.255.0"，安全域为 untrust，后续步骤按照此要求进行调整。在"编辑物理接口"界面中，"工作模式"选中"路由模式"单选按钮，单击本地地址列表中的 IPv4 标签列表中的"＋添加"按钮。如果已有 IP 地址设置，则单击 IP 地址右侧"操作"的笔形标志，视具体情况决定。

（6）在"添加 IPv4 本地地址"界面中，输入本实验设定的 IP 地址"124.16.8.1"，该地址用于与实验虚拟机通信使用，输入子网掩码为"255.255.255.0"，类型默认为 float，如图 3-214 所示。

（7）单击"确定"按钮，返回"编辑物理接口"界面，查看参数是否设置完毕，再单击"确定"按钮，关闭"编辑物理接口"界面。

（8）本实验中，ge3 接口和 ge4 接口模拟连接公司内部网络中的两个子网，ge3 接口分配其 IP 地址段为"172.16.2.0"网段,接口对应 IP 为"172.16.2.1";ge4 接口分配其 IP 地址段为"172.16.3.0",接口对应 IP 为"172.16.3.1",后续步骤以此描述为准。

图 3-214 添加 IPv4 本地地址

(9) 回到"接口"界面中,单击 ge3 接口右侧的笔形标志,设置 ge3 接口 IP 地址为"172.16.2.1"。

(10) 由于 ge3 接口连接的是公司内网,因此设置其安全域为 trust,在"本地地址列表"中 IPv4 编辑方法与 ge2 编辑方法相同,输入"本地地址"为"172.16.2.1","子网掩码"为"255.255.255.0",如图 3-215 所示。

图 3-215 编辑 ge3 接口 IP 地址参数

(11) 单击"确定"按钮,返回"编辑物理接口"界面,确认接口相关信息后,再单击"确定"按钮,返回"接口"界面。

(12) 选择 ge4 右侧"操作"栏中的笔形标志,编辑 ge4 口的接口信息。ge4 口与 ge3 口均为连接公司内网的接口,因此 ge4 的安全域为 trust。

(13) 单击"本地地址列表"中 IPv4 中右侧的笔形标志,输入 ge4 接口的"本地地址"为"172.16.3.1","子网掩码"为"255.255.255.0",如图 3-216 所示。

图 3-216 编辑 ge4 接口 IP 地址参数

(14) 单击"确定"按钮,返回"编辑物理接口"界面,确定 ge4 接口的相关信息后,单击

"确定"按钮,返回"接口"界面,查看 ge2、ge3 和 ge4 接口信息是否调整完毕,如图 3-217
所示。

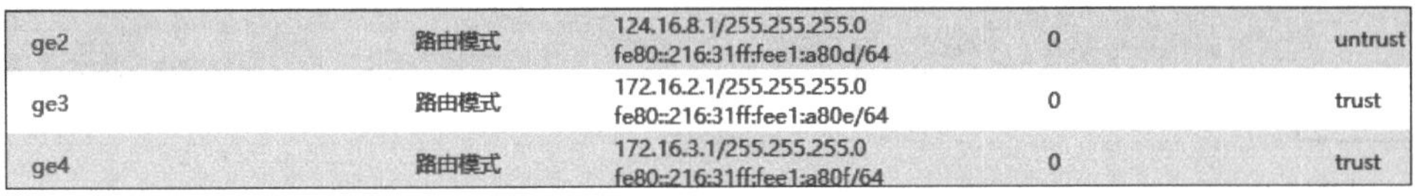

ge2	路由模式	124.16.8.1/255.255.255.0 fe80::216:31ff:fee1:a80d/64	0	untrust
ge3	路由模式	172.16.2.1/255.255.255.0 fe80::216:31ff:fee1:a80e/64	0	trust
ge4	路由模式	172.16.3.1/255.255.255.0 fe80::216:31ff:fee1:a80f/64	0	trust

图 3-217　查看 ge2、ge3 和 ge4 接口信息

(15) 设置好接口信息后,单击"对象配置"→"地址"→"地址",单击"添加"按钮,为财
务部和其他用户添加地址对象。在本实验中设置"172.16.2.0"网段为财务部门使用的网
段,因此名称设置为"财务部",IP 地址段和子网掩码设置为"172.16.2.0/24",如
图 3-218 所示。

图 3-218　添加财务部地址对象

(16) 单击"确定"按钮,返回"地址"界面,再次单击"添加"按钮,设置"其他部门"的地
址信息为"172.16.3.0/24",如图 3-219 所示。

图 3-219　添加其他部门地址对象

(17) 设置好 ge2、ge3、ge4 接口信息以及"对象配置"信息后,需要将 ge2、ge3 和 ge4
接口按照外网、内网的角色进行分隔并配置安全策略,单击"策略配置"→"安全策略",如
图 3-220 所示。

(18) 单击"添加"按钮,在弹出的"添加安全策略"界面中,在"名称"中输入"上网",

"源安全域"设置为 trust,"目的安全域"设置为 untrust,"源地址/地区""目的地址/地区""服务""应用"均设置为 any,如图 3-221 所示。

图 3-220　进入"安全策略"界面

图 3-221　添加静态路由信息

（19）单击"确定"按钮,可在"安全策略"列表中看到刚刚添加的"上网"安全策略,如图 3-222 所示。

（20）继续单击"策略配置"界面中左侧的"NAT 策略",为 ge3 和 ge4 接口配置源 NAT 策略,如图 3-223 所示。

（21）单击"添加"按钮,在弹出的"编辑源 NAT"界面中,在"名称"中输入"地址转

图 3-222　添加上网安全策略

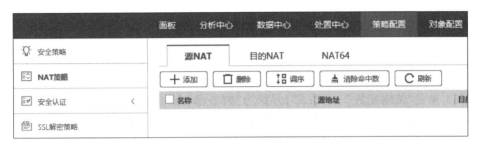

图 3-223　"源 NAT 策略"标签页

换",在"转换前匹配"部分中的"源地址类型"选中"地址对象"单选按钮,在"源地址"中的"对象配置"中的下拉列表中选择"财务部"和"其他部门","目的地址类型"选中"地址对象"单选按钮,"目的地址""服务""出接口"均设置为 any,如图 3-224 所示。

图 3-224　编辑源 NAT 策略

（22）向下编辑"转换后匹配"策略,"地址模式"选中"静态地址"单选按钮,"类型"设置为 IP,"地址"输入 ge2 接口的 IP 地址"124.16.8.1",如图 3-225 所示。

图 3-225　设置转换后匹配地址

（23）单击"确定"按钮，返回"源 NAT"策略列表，列出添加的源 NAT 策略，如图 3-226 所示。

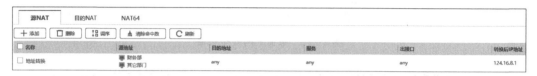

图 3-226　添加源 NAT 策略

（24）此源 NAT 策略表示从内网的"财务部"和"其他部门"中的任意主机访问任意目的地址提供的任意服务，不区分出接口，转换后的 IP 地址为"124.16.8.1"。

（25）单击"策略配置"→"QoS"，开始为"财务部"和"其他部门"配置相应的 QoS 策略。单击"QoS"列表界面中的"添加"按钮，开始添加财务部门 QoS 线路，如图 3-227 所示。

图 3-227　添加 QoS 策略

（26）输入线路名称为"财务部门"，财务部分配的带宽为 10MB，上下行带宽设置一致，换算为 Kb，则设置数值应为 $10MB=10\times1024\times8=81920Kb$，内网接口为财务部对应的 ge3 接口，外网接口为 ge2 接口，如图 3-228 所示。

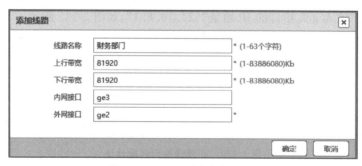

图 3-228　配置财务部门 QoS

（27）单击"确定"按钮添加初步的策略,随后单击 QoS 策略中"财务部门"一行右侧"操作"列的"＋"号,设置虚拟 QoS 配置,如图 3-229 所示。

图 3-229 编辑"财务部门"策略

（28）在"添加虚拟 QoS"界面中,在"虚拟 QoS 名称"中输入"财务部下行","方向"设置为"下行",如图 3-230 所示。

图 3-230 配置财务部门虚拟 QoS

（29）因本实验中 QoS 主要用于控制下行带宽,因此虚拟 QoS 中设置内容为控制下行链路方向。

（30）单击"确定"按钮,完成虚拟 QoS 的设置,如图 3-231 所示。

图 3-231 添加虚拟 QoS 策略

（31）单击该虚拟 QoS,在下方会显示该虚拟 QoS 的通道信息,如图 3-232 所示。

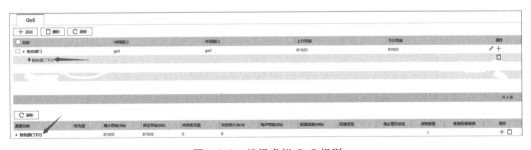

图 3-232 编辑虚拟 QoS 规则

（32）在显示的"通道名称"中,单击"操作"一列的"＋",在该虚拟 QoS 规则中修改带宽通道,在"带宽通道名称"中输入"下行通道","最大带宽"和"保证带宽"均输入此前设置的带宽参数 81920,如图 3-233 所示。

（33）接下来指定财务部下行通道的规则,单击"财务部门下行"一行中"规则管理"列

图 3-233　配置财务部带宽通道

的数字 0(注意不是下方"下行通道"旁的数字 0),为财务部门下行添加 QoS 通道规则,如图 3-234 所示。

图 3-234　配置财务部下行规则管理

(34)在弹出的"规则管理"界面中,单击"添加"按钮,为财务部门添加 QoS 规则,在"规则名称"中输入"带宽","规则类型"选中"普通"单选按钮,"子级带宽通道名称"设置为第 32 步建立的"下行通道","内网地址"设置为"财务部","外网地址""服务""应用"均设置为 any,如图 3-235 所示。

图 3-235　配置财务部 QoS 规则管理

(35)单击"确定"按钮,完成 QoS 规则的添加,在"规则管理"界面中会显示出刚刚添加的规则,如图 3-236 所示。

图 3-236　完成添加 QoS 规则

(36) 单击"关闭"按钮,返回 QoS 界面中,会看到在"财务部门下行"一行右侧的"规则管理"一列中,数字由原来的 0 变更为 1,表明添加了一条规则,如图 3-237 所示。

图 3-237　QoS 规则显示

(37) 完成财务部门 QoS 设置后,配置其他部门的 QoS。单击"策略配置"→QoS,单击上方的"添加"按钮,添加内网其他部门 QoS 规则。内网其他部门分配的带宽为 40MB,换算为 Kb 单位,则 40MB=40×1024×8=327680Kb,如图 3-238 所示。

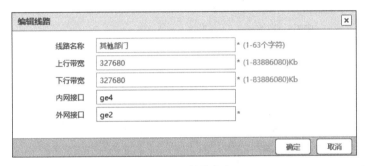

图 3-238　配置其他部门 QoS

(38) 添加完其他部门 QoS 后,单击该行右侧"操作"一列的"+",配置虚拟 QoS,如图 3-239 所示。

图 3-239　配置其他部门虚拟 QoS

(39) 单击"其他部门下行",在通道列表中,单击右侧的"+",为其他部门下行虚拟 QoS 添加带宽通道,如图 3-240 所示。

(40) 在弹出的"添加带宽通道"界面,"带宽通道名称"输入"其他部门带宽 40MB",

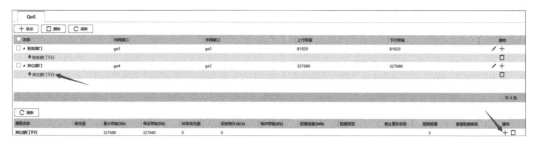

图 3-240　添加 QoS 调度类

内网其他部门设置最大带宽及保证带宽都为 40MB,换算为 Kb,即 40MB＝40×1024×8＝321680Kb。其他部门共享 40MB,为保证其他部门每个内网用户的使用,需要勾选"每 IP 带宽配置"复选框,并将"每 IP 带宽"设置为 6400Kb(即 800KB),然后单击"确定"按钮,如图 3-241 所示。

图 3-241　配置其他部门带宽通道

(41) 单击"其他部门下行"一行右侧的"规则管理"列的数字,为其他部门下行添加 QoS 规则,如图 3-242 所示。

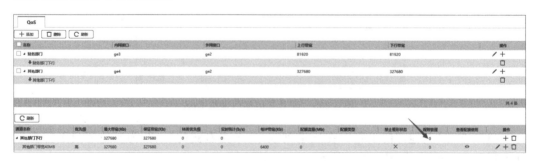

图 3-242　配置其他部门规则管理

（42）在"规则管理"页面，单击"添加"按钮，为内网其他部门添加 QoS 规则，在"规则名称"输入"其他部门下行规则"，"规则类型"选中"普通"单选按钮，"子级带宽通道名称"设置为第 40 步设置的"其他部门带宽 40MB"，"内网地址"设置为"其他部门"，"外网地址""服务""应用"均设置为 any，如图 3-243 所示。

图 3-243 "添加规则"界面

（43）单击"确定"按钮，在"规则管理"界面中会显示添加规则的信息，如图 3-244所示。

图 3-244 添加 QoS 规则成功

（44）单击"关闭"按钮，在"其他部门下行"右侧的"规则管理"中可见数字由原来的 0变为 1，如图 3-245 所示。

（45）防火墙 QoS 参数设置完毕。

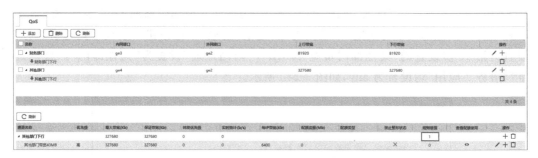

图 3-245 添加 QoS 规则

【实验预期】

（1）财务部访问 FTP 服务器，并下载指定文档（文档大小约为 500MB），下载带宽应能达到 10MB 左右。

（2）其他部门访问 FTP 服务器，并下载相同指定文档（文档大小约为 500MB）下载带宽应为 800KB 左右。

【实验结果】

1）查看财务部主机下行速率

（1）登录实验平台对应实验拓扑中右上方的 Windows XP 虚拟机，如图 3-246 所示。

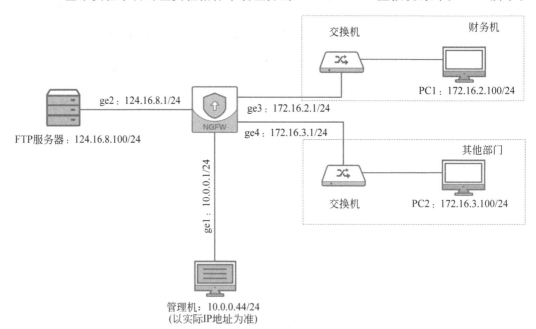

图 3-246 登录右上方虚拟机

（2）在虚拟机桌面的右下角显示 360 安全卫士的悬浮框，其中显示当前的网速，用于后续查看网速，如图 3-247 所示。

（3）双击桌面的火狐浏览器快捷图标，运行火狐浏览器，如图 3-248 所示。

图 3-247 显示当前网速状态

图 3-248 双击火狐浏览器快捷图标

（4）在本实验中，ge2 口通过连接一台 FTP 服务器模拟 Internet 环境，其 IP 地址为"124.16.8.100"。在火狐浏览器的地址栏输入"ftp：//124.16.8.100"，通过防火墙访问该 FTP 服务器，如图 3-249 所示。

图 3-249 使用浏览器访问 FTP 服务器

（5）单击其中的"testdownload.zip"文件，在弹出的窗口中单击"保存文件"，如图 3-250 所示。

（6）单击"确定"按钮，将该文件保存至桌面，如图 3-251 所示。

（7）此时可在 360 安全卫士悬浮框中查看当前的下行实时网速约为 10MB/s 左右（网速上下浮动属于正常现象），如图 3-252 所示。

（8）综上所述，财务部主机已达到防火墙预设的网速 10MB/s，满足预期要求。

2）查看其他部门主机下载速率

（1）登录实验平台对应实验拓扑中右下方的虚拟机 PC2，如图 3-253 所示。

（2）在虚拟机桌面的右下角显示安全卫士的悬浮框，其中显示当前的网速，用于后续查看网速时使用，如图 3-254 所示。

（3）双击桌面的火狐浏览器快捷图标，运行火狐浏览器，如图 3-255 所示。

图 3-250　保存文件

图 3-251　保存文件至桌面

图 3-252　实时监控网速

（4）在火狐浏览器的地址栏同样输入 FTP 服务器的地址"ftp：//124.16.8.100"，通过防火墙访问该 FTP 服务器，如图 3-256 所示。

（5）单击其中的 testdownload.zip 文件，在弹出的窗口中选中"保存文件"单选按钮，如图 3-257 所示。

（6）单击"确定"按钮，将该文件保存至桌面，如图 3-258 所示。

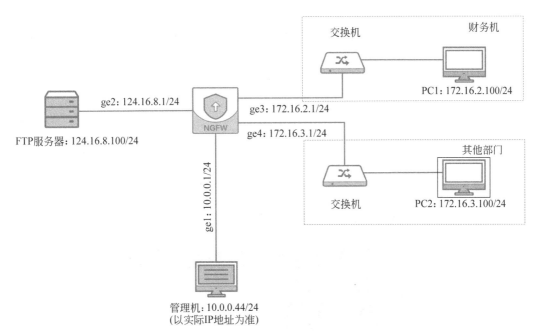

图 3-253　登录右下方虚拟机

图 3-254　显示当前网速状态(右下方虚拟机)

图 3-255　双击火狐浏览器快捷图标(右下方虚拟机)

图 3-256　使用浏览器访问 FTP 服务器(右下方虚拟机)

图 3-257　保存文件(右下方虚拟机)

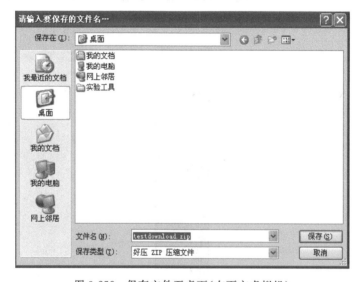

图 3-258　保存文件至桌面(右下方虚拟机)

（7）此时可在安全卫士悬浮框中查看当前的下行实时网速约为 835K/s（网速上下浮动属于正常现象），如图 3-259 所示。

图 3-259　实时监控网速（右下方虚拟机）

（8）综上所述，其他部门的主机也已达到防火墙预设的网速 800KB/s，满足预期要求。

【实验思考】

（1）Q 公司市场部的 QoS 要求与财务部的 QoS 要求相同，但是财务部优先于市场部，QoS 如何调整？

（2）如果对其他部门用户的下载流量进行限定，应如何配置 QoS？

第 4 章 防火墙高级应用

在新的威胁环境下,为了更好地发挥防火墙的功能,除完成防火墙的基本网络配置和应用外,还需要完成防火墙的高级应用。认证管理包含防火墙 CA 中心配置实验、防火墙证书管理实验、防火墙安全认证实验、防火墙 SSL 解密策略实验等;部署模式包含防火墙网关 HA 主备模式部署实验、防火墙网关 HA 多出口部署实验、虚拟防火墙创建管理实验和防火墙配置文件管理实验;数据分析包含防火墙资产管理设置实验、防火墙日志管理实验、防火墙统计数据管理实验和防火墙报表管理实验等。

4.1 认证管理

4.1.1 防火墙安全认证实验

【实验目的】

通过安全认证的设置,对内网用户访问外网进行身份认证,并向用户推送指定的网页内容。

【知识点】

用户认证、用户认证组、AD 服务器、本地认证。

【实验场景】

A 公司为了方便员工移动办公,组建了无线办公网络。但是,在方便办公的同时,安全运维工程师遇到了一件比较头疼的事情,公司常常会有一些外来访客,领导出于安全考虑,不希望访客通过该无线办公网访问互联网,请思考应如何通过配置防火墙解决这个问题。

【实验原理】

认证策略是 Web 认证及 URL 重定向触发的前提,认证策略支持用户添加、编辑、删除和调序认证策略,并在认证策略列表中查看当前认证策略源安全域、目的安全域、源地址、目的地址、认证类型等信息,从而实现对用户的统一管理,提高企业网络安全水平。

【实验设备】

- 安全设备:防火墙设备 1 台。
- 网络设备:2 层交换机 1 台。

- 主机终端：Windows Server 2003 SP2 主机 1 台，Windows XP 主机 2 台，Windows 7 主机 1 台。

【实验拓扑】

实验拓扑如图 4-1 所示。

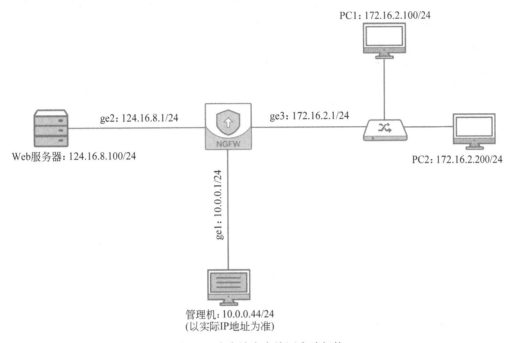

图 4-1　防火墙安全认证实验拓扑

【实验思路】

（1）配置防火墙网络接口。

（2）进行防火墙的对象配置。

（3）配置防火墙安全策略。

（4）配置防火墙 NAT 策略。

（5）配置认证用户、认证用户组、认证用户角色。

（6）在本地认证服务器中绑定认证用户、认证用户组、认证用户角色。

（7）配置 Web 认证参数。

（8）配置 Web 认证策略

（9）认证用户可正常访问 Web 网站，非认证用户需输入认证用户名及密码访问 Web 网站。

【实验要点】

下一代防火墙管理员可单击"系统配置"→"认证用户"，创建本地用户和用户组。

【实验步骤】

（1）～（3）登录并管理防火墙，检查防火墙的工作状态。

（4）单击面板上方导航栏中的"网络配置"，单击 ge2 右侧"操作"中的笔形标志，编辑 ge2 接口设置。

（5）在本实验中，ge2 口用于模拟 Internet，因此将 ge2 口 IP 设置为"124.16.8.1"，"子网掩码"为"255.255.255.0"，"安全域"为 untrust，后续步骤按照此要求进行调整。在"编辑物理接口"界面中，"工作模式"选中"路由模式"单选按钮，单击本地地址列表中的 IPv4 标签列表中的"＋添加"按钮。如果已有 IP 地址设置，则单击 IP 地址右侧"操作"的笔形标志，视具体情况决定。

（6）在"添加 IPv4 本地地址"中，输入本实验设定的 IP 地址"124.16.8.1"，该地址用于与实验虚拟机通信时，输入"子网掩码"为"255.255.255.0"，"类型"默认为 float，如图 4-2 所示。

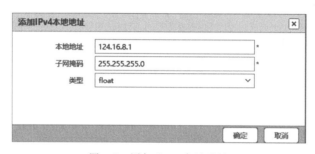

图 4-2　添加 IPv4 本地地址

（7）单击"确定"按钮，返回"编辑物理接口"界面，查看参数是否设置完毕，再单击"确定"按钮，关闭"编辑物理接口"界面。

（8）本实验中，ge3 接口模拟连接公司内部网络，分配其 IP 地址段为"172.16.2.0"网段，接口对应 IP 为"172.16.2.1"，后续步骤以此描述为准。

（9）回到"接口"界面，单击 ge3 接口右侧的笔形标志，设置 ge3 接口 IP 地址为"172.16.2.1"。

（10）由于 ge3 接口连接的是公司内网区域，因此设置其安全域为 trust，在"本地地址列表"中 IPv4 编辑方法与 ge2 编辑方法相同，输入"本地地址"为"172.16.2.1"，"子网掩码"为"255.255.255.0"，如图 4-3 所示。

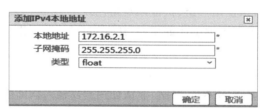

图 4-3　编辑 ge3 接口 IP 地址参数

（11）单击"确定"按钮，返回"编辑物理接口"界面，确认接口相关信息后，再单击"确定"按钮，返回"接口"界面，如图 4-4 所示。

（12）设置好网络接口后，对 ge3 接口的 IP 地址段进行对象配置，以便后续进行安全

图 4-4　ge2 和 ge3 接口信息

策略配置。单击上方导航栏中的"对象配置"→"地址"→"地址",会显示地址列表信息,如图 4-5 所示。

图 4-5　地址列表

（13）单击"地址"列表中的"添加"按钮,将 ge3 对应的内网地址段"172.16.2.0/24"加入地址对象中。在"名称"中输入"内网网段",在"IP 地址"中输入"172.16.2.0/24",如图 4-6 所示。

图 4-6　输入内网网段信息

（14）单击"确定"按钮,在"地址"列表中会显示添加的内网网段信息,如图 4-7 所示。

图 4-7　添加内网网段成功

（15）完成添加地址对象后，需要设置安全策略和 NAT 策略，以便内网主机可以访问外网区域中的 Web 服务器。

（16）单击上方导航栏中的"策略配置"→"安全策略"，会显示当前防火墙中的安全策略列表。由于尚未设置安全策略，所以安全策略列表为空，如图 4-8 所示。

图 4-8　安全策略列表

（17）设置内网用户访问外网的安全策略，单击"＋添加"按钮，在弹出的"添加安全策略"界面中，在"名称"中输入"内网访问外网"，将"动作"选中"允许"单选按钮，将"源安全域"设置为 trust，将"目的安全域"设置为 any，将"源地址/地区"设置为"内网地址段"，将"目的地址/地区""服务""应用"均设置为 any，如图 4-9 所示。

图 4-9　添加内网访问外网安全策略

（18）单击"确定"按钮，完成安全策略的添加，如图 4-10 所示。

图 4-10　完成添加安全策略

（19）单击"策略配置"→"NAT 策略"，开始设置 NAT 策略，为保护内网用户，需要设置源 NAT 策略，单击"源 NAT"，显示当前的源 NAT 策略列表，如图 4-11 所示。

图 4-11　"源 NAT"标签页

（20）单击"＋添加"按钮，在弹出的"添加源 NAT"界面中，在"名称"中输入"内网地址转换"。在"转换前匹配"一栏中，将"源地址类型"选中"地址对象"单选按钮，将"源地址"设置为"内网地址段"，将"目的地址""服务""出接口"均设置为 any。在"转换后匹配"一栏中，将"地址模式"选中"静态地址"单选按钮，将"类型"设置为 IP，在"地址"中输入 ge2 口的 IP 地址"124.16.8.1"，即内网用户访问外网，会将其内网网段"172.16.3.0"的 IP 地址转换为"124.16.8.1"，起到隐藏内部网络地址信息的作用，如图 4-12 和图 4-13 所示。

图 4-12　添加源 NAT 转换前匹配

图 4-13　添加源 NAT 转换后匹配

（21）单击"确定"按钮，完成源 NAT 策略的添加，如图 4-14 所示。

图 4-14　源 NAT 策略列表

（22）为实现安全认证功能，需要配置认证用户和认证服务器及用户标识。

（23）配置认证用户。单击导航栏"系统配置"→"认证用户"，显示"认证用户"列表，如图 4-15 所示。

图 4-15　认证用户列表

（24）单击上方的"＋添加"按钮，在弹出的"添加认证用户"界面中，在"名称"中输入 cert，在"密码"和"确认密码"中均输入 123456，在"有效期至"中不输入内容，默认为永久有效，如图 4-16 所示。

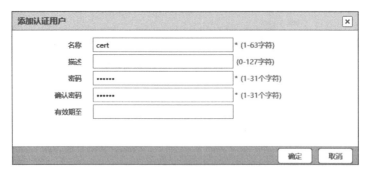

图 4-16　添加认证用户名称

（25）单击"确定"按钮，完成认证用户添加，如图 4-17 所示。

图 4-17 认证用户列表（已添加用户）

（26）为方便管理，通常是将多个本地用户进行分组管理，可对认证用户组中的成员进行批量绑定或解除绑定。单击"系统配置"→"认证用户"→"认证用户组"，显示"认证用户组"列表，如图 4-18 所示。

图 4-18 认证用户组列表

（27）单击"＋添加"按钮，在弹出的"添加认证用户组"界面中，在"名称"中输入"认证内网用户"，将"成员列表"设置为刚刚创建的认证用户 cert，双击 cert，将该用户加入该组中，如图 4-19 所示。

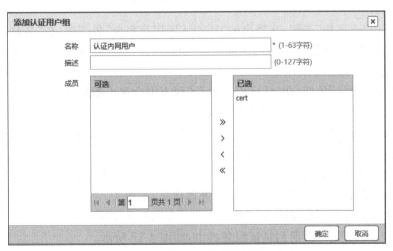

图 4-19 添加认证用户到认证用户组中

（28）单击"确定"按钮,在"认证用户组"列表中列出添加完成的"认证内网用户",并显示当前组中的成员数量,如图 4-20 所示。

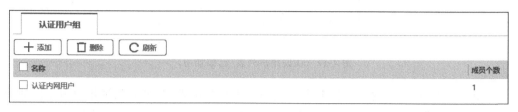

图 4-20　认证用户组信息

（29）配置认证用户角色,认证用户角色是对认证用户实现基于用户角色的管理方式,认证用户角色需要用户添加角色名称,在对认证用户进行角色批量绑定或者解除绑定。单击"系统配置"→"认证用户"→"认证用户角色",显示"认证用户角色"列表,如图 4-21 所示。

图 4-21　认证用户角色列表

（30）单击"＋添加"按钮,在弹出的"添加认证用户角色"界面中,在"名称"中输入"管理者",将"成员"设置为刚刚创建的认证用户 cert,双击 cert,将该认证用户加入认证用户角色中,如图 4-22 所示。

（31）单击"确定"按钮,在"认证用户角色"列表中会列出添加好的认证用户角色和该认证用户角色中的成员数量,如图 4-23 所示。

（32）完成认证用户配置后,需要配置认证服务器。单击"系统配置"→"认证服务器",列出防火墙当前使用的认证服务器,如图 4-24 所示。

（33）防火墙默认包含一个 local 认证服务器,该服务器不可删除。单击 local 右侧"操作"列中的笔形标志,编辑 local 认证服务器信息,如图 4-25 所示。

（34）在此需要将刚刚添加的认证用户 cert 在认证服务器中注册。双击"用户成员"中的 cert,将该认证用户注册到认证服务器中,如图 4-26 所示。

（35）单击"确定"按钮,可在"认证服务器"列表中查看 local 右侧"详细信息"中显示

"1 member",如图 4-27 所示。

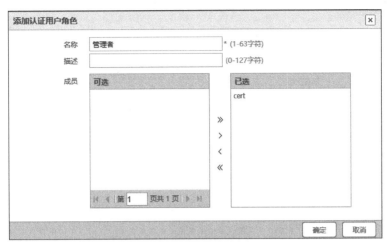

图 4-22　添加认证用户角色

图 4-23　认证用户角色列表(已添加用户)

图 4-24　认证服务器列表

（36）设置好认证用户和认证服务器后,需要将 IP 地址与认证用户进行绑定,绑定方式可通过手工绑定或 AD 联动,本实验中采用手工绑定方式,绑定 IP 的内网 IP 地址为"172.16.2.100"。单击"系统配置"→"用户标识"→"手工绑定",显示当前"手工绑定"列表,如图 4-28 所示。

图 4-25　编辑 local 认证服务器信息

图 4-26　注册 cert 到认证服务器

图 4-27　查看 local 认证服务器信息

图 4-28 "手工绑定"标签页

（37）单击"＋添加"按钮，在弹出的"添加手工绑定"界面中，将"认证服务器"设置为默认的 local，将"用户名"设置为 cert，在"IP 地址"中输入"172.16.2.100"，如图 4-29 所示。

图 4-29 添加手工绑定信息

（38）单击"确定"按钮，在"手工绑定"列表中显示添加好的信息，如图 4-30 所示。

图 4-30 手工绑定列表

（39）认证用户相关配置完成后，配置安全认证策略。单击"策略配置"→"安全认证"→"Web 认证"，勾选"Web 认证"旁的"启用"复选框，将"认证模式"设置为 HTTP，"HTTP 端口"采用默认的 65080，"登录配置"采用默认参数即可，由于使用的是 HTTP 方式，因此"HTTPS 配置"无须调整，如图 4-31 所示。

图 4-31　配置 Web 认证策略

（40）单击"确定"按钮，防火墙提示执行成功，如图 4-32 所示。

图 4-32　配置策略成功

（41）配置认证策略。单击"策略配置"→"安全认证"→"认证策略"，显示"认证策略"列表，如图 4-33 所示。

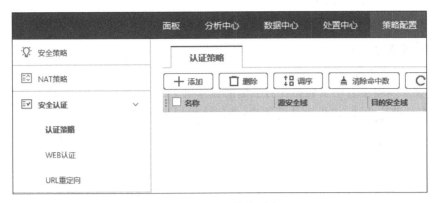

图 4-33 认证策略列表

（42）单击"＋添加"按钮，在弹出的"添加认证策略"界面中，在"名称"中输入"Web 认证"，将"动作"选中"Web 认证"单选按钮，将"源安全域"设置为 trust，将"目的安全域"设置为 any，将"源地址"设置为"内网网段"，将"目的地址"设置为 any，将"认证服务器"设置为 local，如图 4-34 所示。

图 4-34 添加认证策略

（43）单击"确定"按钮，在"认证策略"列表中显示添加的认证策略，如图 4-35 所示。

图 4-35 认证策略列表（已添加策略）

【实验预期】

（1）已绑定IP的认证用户可正常访问网站。

（2）未认证用户访问网站时，需要在Web认证页面填写认证信息才可访问网站。

【实验结果】

1）认证用户访问网站

（1）登录实验平台中实验拓扑右上侧的虚拟机PC1，该虚拟机的IP地址为"172.16.2.100"，按照前述步骤，该机为认证用户，使用该虚拟机访问网站，如图4-36所示。

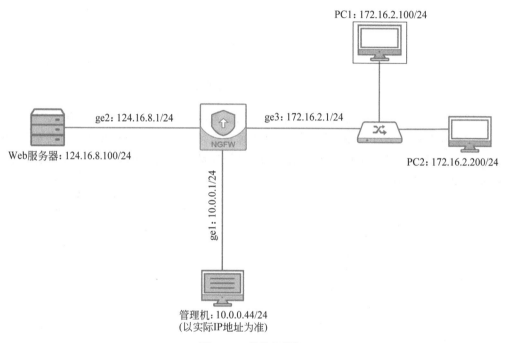

图4-36　登录虚拟机

（2）双击该虚拟机PC1桌面的火狐浏览器快捷图标，如图4-37所示。

图4-37　运行火狐浏览器

（3）在地址栏中输入 ge2 口连接的 Web 服务器 IP 地址"124.16.8.100"，浏览器可正常访问该网站，如图 4-38 所示。

图 4-38　访问 Web 服务器

（4）综上所述，认证用户主机可以正常浏览 Web 服务器，满足预期要求。

2）未认证用户访问网站

（1）登录实验平台中实验拓扑右下侧的虚拟机，该虚拟机的 IP 地址为"172.16.2.200/24"，按照前述步骤，该机为非认证用户，使用该虚拟机访问网站，如图 4-39 所示。

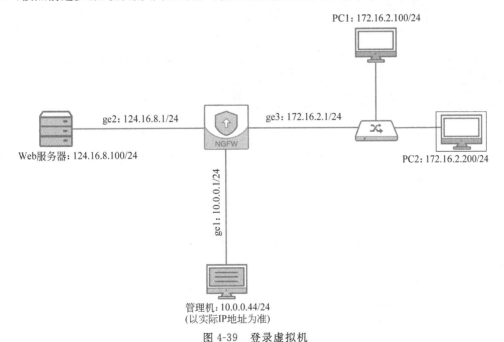

图 4-39　登录虚拟机

（2）双击该虚拟机 PC2 桌面的火狐浏览器快捷图标，如图 4-40 所示。

图 4-40　运行火狐浏览器

（3）在地址栏中输入 ge2 口连接的 Web 服务器 IP 地址为"124.16.8.100"，由于该 IP 地址为非认证用户，防火墙会跳转到 Web 认证页面，如图 4-41 所示。

图 4-41　访问 Web 服务器

（4）在该页面中，需要输入创建认证用户时建立的用户名和密码：cert 和 123456，通过防火墙的 Web 认证才可访问网站，如图 4-42 所示。

（5）单击"登录"按钮，通过 Web 认证后，会显示认证成功信息，并在浏览器上方弹出一个拦截提示，如图 4-43 所示。

（6）单击拦截提示右侧的"选项"，在弹出的菜单中选择"允许 172.16.2.1 弹出窗口"，如图 4-44 所示。

（7）在弹出的新标签页中，显示"124.16.8.100"网站内容，如图 4-45 所示。

（8）综上所述，非认证用户主机只有通过 Web 认证页面输入认证用户的用户名和密码才可以正常浏览 Web 服务器，满足预期要求。

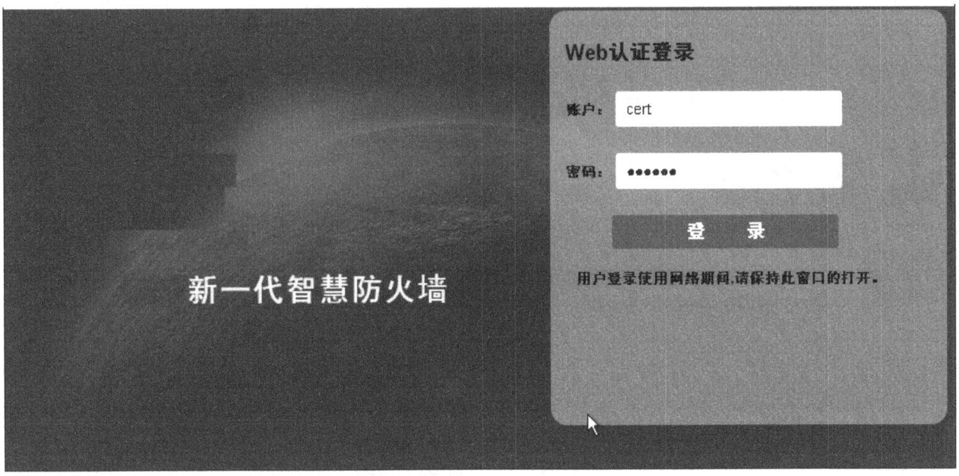

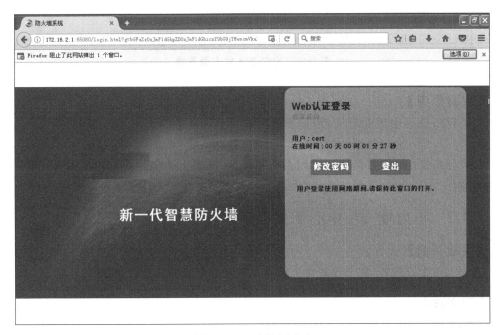

图 4-42 输入认证用户名和密码

图 4-43 Web 认证成功

图 4-44 允许弹出窗口

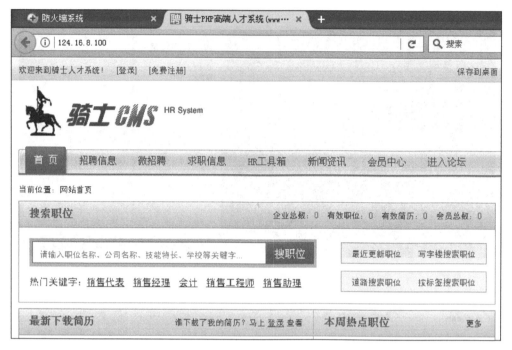

图 4-45　正常访问 Web 服务器

【实验思考】

（1）Web 认证中的重定向 URL 子选项与安全认证中的 URL 重定向选项之间有何区别？

（2）如果安全策略与认证策略均进行了设置，在防火墙实际执行时优先执行哪一个安全策略？

4.1.2　防火墙 CA 中心配置实验

【实验目的】

通过 CA 中心配置，便于设置防火墙涉及证书的配置和应用。

【知识点】

CA、证书、公钥、私钥。

【实验场景】

A 公司安全运维工程师需要使用认证服务对内网用户访问网络进行 Web 认证，由于 Web 认证功能需要使用可信 CA 证书进行认证，刚好安全运维工程师手里的防火墙可以配置 CA 中心，实现证书的颁发和管理。请思考应如何在防火墙上配置 CA。

【实验原理】

CA 中心可以利用自签发将防火墙设置为本地 CA 中心，也可通过导入第三方 CA 证书文件、私钥文件、颁发机构证书等将 CA 中心设置为第三方。CA 中心可以实现一般证书的颁发,以及对证书请求的审批,通过证书的管理,可以用于对防火墙 VPN、SSL 解密、认证服务等功能。

【实验设备】
- 安全设备:防火墙设备 1 台。
- 主机终端:Windows 7 主机 1 台,Windows XP 主机 1 台。

【实验拓扑】
实验拓扑如图 4-46 所示。

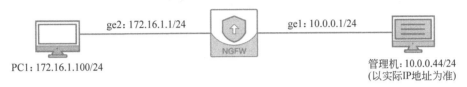

ge2: 172.16.1.1/24　　　　　ge1: 10.0.0.1/24

PC1: 172.16.1.100/24

管理机: 10.0.0.44/24
(以实际IP地址为准)

图 4-46　防火墙 CA 中心配置实验

【实验思路】
(1) 配置防火墙网络接口地址。

(2) 进入 CA 中心,生成自签发 CA,设定防火墙成为本地 CA。

(3) 在 CA 中心生成一般证书,并能够导出 PEM、DER、PKCS12 格式证书。

(4) 用户提交已有证书申请文件。

(5) CA 中心对证书请求文件进行审批,并导出审批后的证书。

【实验要点】
下一代防火墙管理员在防火墙的“系统配置”→“CA 中心”中,可以设置 CA 中心,对本地申请的证书进行审批和管理。

【实验步骤】
(1)～(3) 登录并管理防火墙,检查防火墙的工作状态。

(4) 单击面板上方导航栏中的“网络配置”,单击 ge2 右侧“操作”中的笔形标志,编辑 ge2 接口设置。

(5) 在“编辑物理接口”界面中,将工作模式设定为“路由模式”,单击本地地址列表中的 IPv4 标签列表中的“＋添加”按钮。如果已有 IP 地址设置,则单击 IP 地址右侧“操作”的笔形标志,视具体情况决定。

(6) 在“添加 IPv4 本地地址”中,输入本实验设定的 IP 地址为“172.16.1.1”,该地址用于与实验虚拟机通信,输入“子网掩码”为“255.255.255.0”,类型默认为 float,如图 4-47 所示。

(7) 单击“确定”按钮,返回“编辑物理接口”界面,在下方的“管理方式”中,勾选 HTTPS、ping 和 HTTP 三个复选框,表明 ge2 端口允许开启这三种管理方式,便于后续实验连接时使用,如图 4-48 所示。

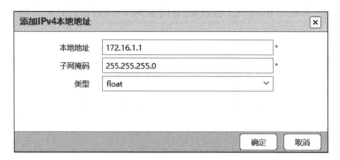

图 4-47　添加 IPv4 本地地址

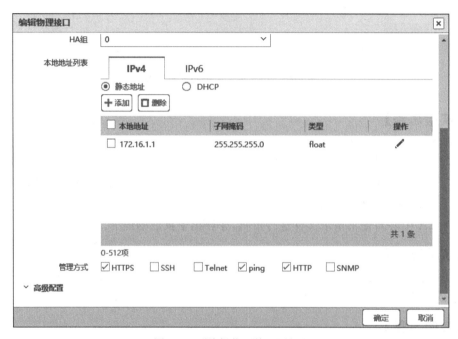

图 4-48　"编辑物理接口"界面

（8）单击"系统配置"菜单下的"管理主机"，然后取消选中"启用"复选框，如图 4-49 所示。

（9）单击上方菜单栏中"系统配置"，显示系统配置界面，如图 4-50 所示。

（10）单击左侧菜单栏中的最下方箭头，在弹出的菜单中选择"CA 中心"，如图 4-51 所示。

（11）单击"CA 中心"后，在弹出的子菜单中选择"本地 CA"，如图 4-52 所示。

（12）单击"本地 CA"后，会出现"生成自签发 CA"和"导入第三方 CA"两个按钮。本地 CA 是 PKI 系统中的核心，是防火墙中一切证书来源。本地 CA 支持第三方导入、自签发以及根证书的导入导出，吊销类表（CRL）的导出等操作。"生成自签发 CA"即使得防火墙设备成为 CA 中心，"导入第三方 CA"是使用第三方机构 CA 中心成为 CA 中心。

图 4-49　开启管理方式

图 4-50　系统配置界面

　　(13) 本实验使用防火墙设备作为 CA 中心,单击"生成自签发 CA"按钮,显示生成自签发 CA 界面,如图 4-53 所示。

　　(14) 界面中显示 CA 中心相关信息的描述。

- 国家:CA 中心的国家信息描述,需输入两个代表国家的字母,例如输入 CN(CN代表中国),此为必填项。
- 省份:CA 中心的省份信息描述,选填项。
- 城市:CA 中心的城市信息描述,选填项。

图 4-51 单击"CA 中心"

图 4-52 单击"本地 CA"

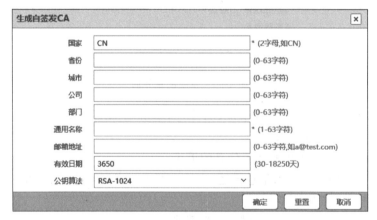

图 4-53 生成自签发 CA 界面

- 公司：CA 中心的公司信息描述，选填项。
- 部门：CA 中心部门信息描述，选填项。
- 通用名称：CA 中心的名称，必填项。
- 邮箱地址：CA 中心的联系邮箱，选填项。
- 有效日期：CA 中心证书的有效期，范围为 30～18250 天。
- 公钥算法：指定 CA 公钥、私钥对使用的算法，可选择 RSA-1024 或 RSA-2048 两种方式的非对称密码算法。公钥、私钥是密码算法中的专业名词，CA 中心采用的均为非对称密码算法。公钥在认证用户之间传输数据加密、验证时使用，可以公开；私钥在用户自身接收数据解密、签名时使用，不能公开。RSA-1024 和 RSA-2048 后的数字是指密钥的长度，单位为 bit，密钥长度越长，其安全性越高。

（15）在 CA 中心描述中，国家和通用名称为必填项，在此输入 CN 和 360CA，有效日期为默认值（3650），公钥算法选择 RSA-2048，其他信息可自行添加，如图 4-54 所示。

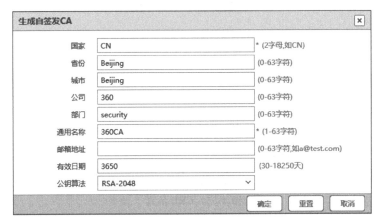

图 4-54　输入 CA 中心信息

【实验预期】

（1）CA 中心完成自签发 CA。

（2）通过本地 CA 签发一般证书，并能导出 PEM、DER、P12 格式的一般证书。

（3）证书文件在内网用户可以导入成功，并可查看证书信息。

（4）导入已有的证书请求文件，并对请求文件进行审批，可导出审批后的证书文件。

【实验结果】

1）生成本地 CA

（1）输入 CA 中心信息后，单击"确定"按钮，防火墙设备会生成证书并显示在"本地 CA"中，表明本地 CA 创建完成证书信息，如图 4-55 所示。

（2）本地 CA 中心生成后，会自动产生 CRL 信息。CRL 是证书吊销列表，用于列出被认为不能再使用的证书序列号。证书本身是标明有效期的，CA 中心可以通过证书吊销的过程来缩短证书的有效期，从而实现证书的管理。CRL 信息如图 4-56 所示。

图 4-55　本地 CA 证书信息

图 4-56　CRL 信息

（3）综上所述，通过生成自签发 CA 实现本地 CA 的配置，满足预期要求。

2）生成一般证书

（1）一般证书是通过本地 CA 签发或者审批而生成的证书，其密钥长度支持 1024 或 2048，支持 PEM、DER、P12 证书格式的导出。单击左侧子菜单中的"一般证书"，如图 4-57 所示。

（2）单击"一般证书"后，在一般证书的界面中，会显示一般证书的名称、证书主题、签发时间、过期时间、类型等信息。在本实验中由于还没有一般证书，因此需要创建一般证书，单击"＋生成一般证书"按钮，如图 4-58 所示。

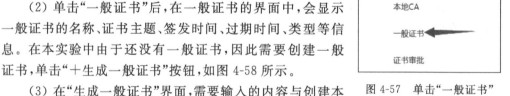

图 4-57　单击"一般证书"

（3）在"生成一般证书"界面，需要输入的内容与创建本地 CA 时的参数说明相同。

- 国家：CA 中心的国家信息描述，需输入两个代表国家的字母，例如输入 CN（CN 代表中国），此为必填项。
- 省份：CA 中心的省份信息描述，选填项。

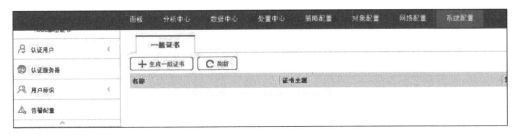

图 4-58　单击"＋生成一般证书"按钮

- 城市：CA 中心的城市信息描述，选填项。
- 公司：CA 中心的公司信息描述，选填项。
- 部门：CA 中心部门信息描述，选填项。
- 通用名称：CA 中心的名称，必填项。
- 邮箱地址：CA 中心的联系邮箱，选填项。
- 有效日期：CA 中心证书的有效期，范围为 30～18250 天。
- 公钥算法：指定 CA 公钥、私钥对使用的算法，可选择 RSA-1024 或 RSA-2048 两种方式的非对称密码算法。

（4）在一般证书中输入证书相关信息，单击"确定"按钮，如图 4-59 所示。

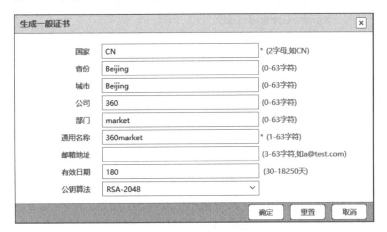

图 4-59　生成一般证书信息

（5）生成一般证书后，在一般证书的列表中，可以查看该证书的相关信息，如图 4-60 所示。

图 4-60　一般证书列表

（6）将鼠标指针放置在该证书的"类型"图标上方，会显示该证书是由本地生成的证书，表明本地 CA 签发一般证书成功，如图 4-61 所示。

图 4-61　本地生成一般证书

（7）在该证书右侧的"操作"一栏中，分别查看、导出、吊销该证书，如图 4-62 所示。

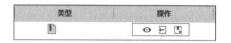

图 4-62　证书操作按钮

（8）单击"操作"中的查看按钮，可查看该证书的详细信息，如图 4-63 所示。

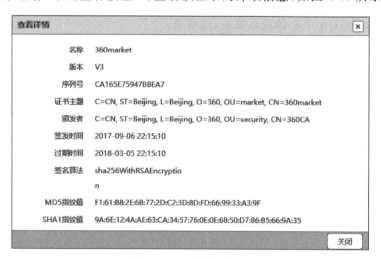

图 4-63　证书详细信息

（9）在证书的详细信息中可以看到证书的颁发者是 360CA，即本地 CA，签名使用的算法是 sha256WithRSAEncryption，表明使用的是 RSA 加密、SHA 签名。SHA 安全散列算法是一系列密码散列函数的总称，包括 SHA-1、SHA-224、SHA-256、SHA-384 和 SHA-512 等变体，以 SHA-1 为例，对于长度小于 2^{64} 位的消息，SHA1 会产生一个 160 位的消息摘要。当接收到消息的时候，这个消息摘要可以用来验证数据的完整性。如果在传输的过程中，数据发生变化，那么对数据进行签名验证时，其生成的消息摘要和携带的消息摘要就会不同，从而表明数据已发生改变，不可采信。

（10）单击"关闭"按钮，再单击该证书的导出按钮，如图 4-64 所示。

（11）单击导出按钮后，在导出证书界面显示导出证书的名称，已经导出的证书格式，可在 PEM、DER、PKCS12 格式中选择。PEM 是采用 ASCII（BASE64）编码的 X. 509 V3 证书格式，证

图 4-64　单击证书导出按钮

书中不包含私钥信息；DER 是采用二进制编码的证书格式，DER 编码二进制格式的证书文件，证书中不包含私钥信息；PKCS12 是带有私钥的证书，是包含了公钥和私钥的二进制格式证书，如图 4-65 所示。

图 4-65　导出证书选项

（12）选择 PEM 格式，单击"导出"按钮，将证书保存在桌面，如图 4-66 所示。

（13）双击打开该证书，在证书的常规标签页中，显示该证书的基本信息，如证书持有者是 360market，颁发者是 360CA，证书有效期等相关信息，如图 4-67 所示。

图 4-66　导出证书

图 4-67　证书常规信息

（14）在证书的"详细信息"标签页中，可看到证书的详细信息，例如签名算法、有效期、使用者、颁发者、公钥信息等内容，如图 4-68 所示。

（15）返回防火墙设备"一般证书"界面，继续单击"操作"中的"导出"，此时选择 DER

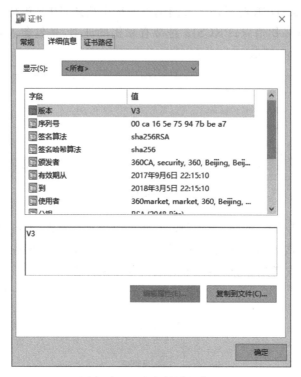

图 4-68 证书文件详细信息

格式,单击"导出"按钮,如图 4-69 所示。

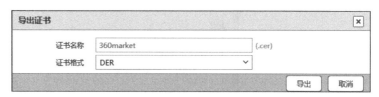

图 4-69 导出 DER 格式证书

(16) 将证书保存至桌面,双击该证书,可查看证书相关信息,与 PEM 格式证书内容相同,如图 4-70 所示。

(17) 返回防火墙设备"一般证书"界面,继续单击"操作"中的"导出",此时选择 PKCS12 格式,由于 PKCS12 格式中是包含私钥信息的,因此在导出时需要设置私钥保护密码,以保障证书导出后的私钥安全,在本实验中以 123456 为例作为私钥保护密码。实际应用中应设置高强度密码,单击"导出"按钮,如图 4-71 所示。

(18) 将证书保存至桌面。

(19) 综上所述,防火墙设备通过配置生成一般证书,并可导出 PEM、DER、PKCS12 格式的证书文件,满足预期要求。

3) 用户导入证书

(1) PKCS12 格式证书与 PEM、DER 格式证书是有区别的:双击 PKCS12 证书,会

图 4-70　DER 格式证书详细信息

图 4-71　导出 PKCS12 格式证书

直接进入"证书导入向导",如图 4-72 和图 4-73 所示。

图 4-72　PKCS12 格式证书

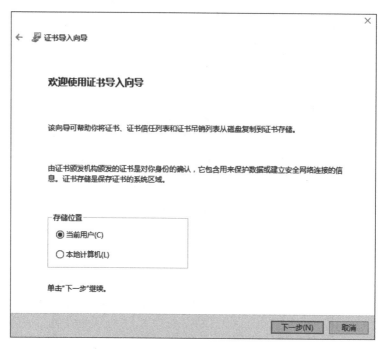

图 4-73　证书导入向导界面

（2）默认选择"当前用户"，单击"下一步"按钮，显示当前导入的 PKCS12 格式证书的路径（以计算机实际存储路径为准），如图 4-74 所示。

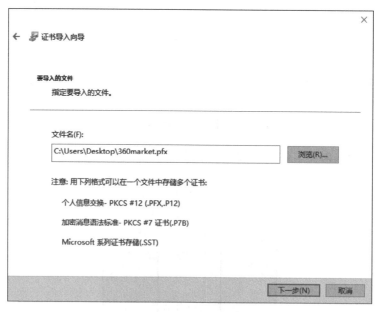

图 4-74　选择导入的证书文件

（3）单击"下一步"按钮，会要求输入密码，该密码即为在防火墙设备导出 PKCS12 格式证书时设置的密码，在本实验中为 123456，如图 4-75 所示。

图 4-75　输入私钥保护密码

（4）单击"下一步"按钮,选中默认选项"根据证书类型,自动选择证书存储（U）",如图 4-76 所示。

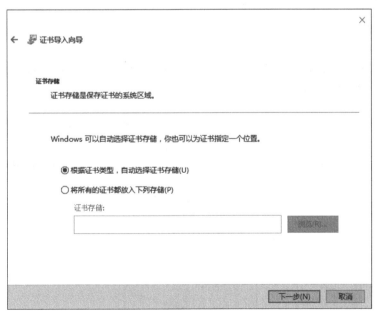

图 4-76　选择证书存储位置

（5）单击"下一步"按钮，显示证书安装的相关信息，如图 4-77 所示。

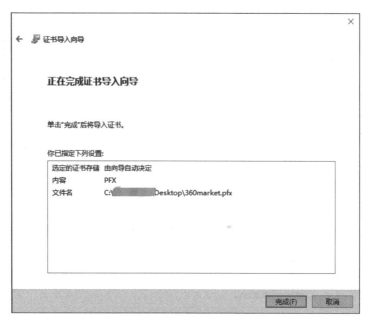

图 4-77　完成证书向导

（6）单击"完成"按钮，显示证书导入成功，如图 4-78 所示。

（7）证书导出可用于 VPN、防火墙设备认证、Web 认证等方面，参考相关实验，学习配置方法。

（8）综上所述，以导出的 PKCS12 格式证书为例，用户可以将证书导入本地计算机，满足预期要求。

图 4-78　成功导入证书

4）证书审批

（1）进入左侧虚拟机 PC1，如图 4-79 所示，打开实验虚拟机中的谷歌浏览器，在地址栏中输入"172.16.1.1"，登录防火墙，进入"系统配置"→"CA 中心"→"证书审批"中，如图 4-80 所示。

图 4-79　进入 PC1

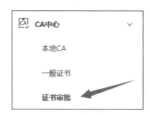

图 4-80　进入证书审批

（2）在"证书审批"中，需要导入证书请求文件，可进入"系统配置"→"证书管理"→"请求文件"中生成请求文件，可参考防火墙证书管理类别实验。在本实验中使用预先生成的请求文件，保存位置在系统桌面中，单击"证书审批"界面中的"导入"按钮，如图 4-81 所示。

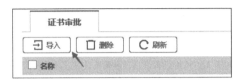

图 4-81　"证书"审批界面

（3）在"导入"界面中，输入请求证书名称，并选择证书请求文件后，单击"确定"按钮，如图 4-82 所示。

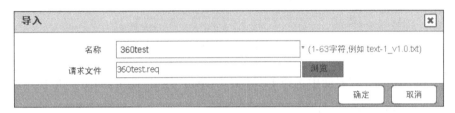

图 4-82　导入证书请求文件

（4）导入证书请求文件后，在"证书审批"界面中，会显示该请求证书的信息，如图 4-83 所示。

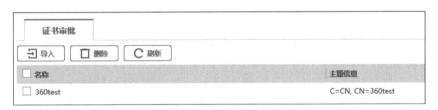

图 4-83　证书请求文件列表

（5）单击该证书请求右侧"操作"中的审批按钮，如图 4-84 所示。

图 4-84　单击"审批"

（6）在弹出的"证书审批"界面中，输入证书有效日期，默认为 180 天，单击"确定"按钮，如图 4-85 所示。

（7）请求证书审批后，会从"证书审批"中自动转换到"一般证书"中，如图 4-86 所示。

（8）请求证书审批通过后转换为一般证书，可通过导出证书功能将该证书下载，安装到计算机、防火墙等其他设备中。

（9）单击"360test"证书右侧"操作"中的"导出"按钮，如图 4-87 所示。

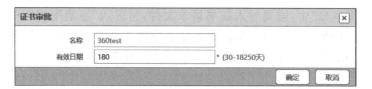

图 4-85 输入证书有效期限

图 4-86 请求证书审批后

图 4-87 单击"导出"

（10）在"导出证书"界面中选择 PEM 格式，单击"导出"按钮，如图 4-88 所示。

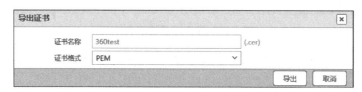

图 4-88 导出 360test 证书

（11）将证书保存至桌面，并双击该证书，可查看证书的相关信息，如图 4-89、图 4-90 和图 4-91 所示。

图 4-89 导出的证书文件　　　　　　图 4-90 证书的常规信息

图 4-91　证书的详细信息

（12）综上所述，通过导入证书请求文件，完成请求证书的审批，并可以将审批后的证书导出至本地计算机中，满足预期要求。

【实验思考】

（1）如果 CA 中心原来采用的是第三方机构 CA 中心，现在需要调整为其他第三方机构 CA 中心，应如何操作？

（2）如果现有证书已过期，如何实现证书的更新？

（3）本地认证与 CA 证书认证的区别？

4.2　高级部署模式

4.2.1　防火墙网关 HA 主备模式部署实验

【实验目的】

对于单出口、双防火墙的网络拓扑，通过搭建 HA 主备（二层）模式，实现两台防火墙的主备工作模式，配置内网主机正常访问外网服务器。

【知识点】

高可用性、双机热备、静态路由、源 NAT、安全策略。

【实验场景】

A 公司的原有信息系统包含一个外网出口和一台防火墙。随着公司业务的发展和网络威胁的日益增大，防火墙可能会被攻击或出现故障，影响公司业务，因此需要增加防火墙设备并将两台防火墙设置为主备模式，确保主防火墙出现问题时，备用防火墙可随时接替主防火墙提供安全防护。安全运维工程师根据上述业务需求，需要进行两台防火墙的高可用性配置,保证在其中一台防火墙发生问题时可切换到另一台防火墙上,并且不影响内网用户上网使用。请思考应如何配置两台防火墙以实现主备模式的相关设置。

【实验原理】

高可用性主要用于提高网络的可靠性,通过防火墙与防火墙设备之间的冗余备份,在其中一台防火墙出现问题可能导致业务中断时,另一台防火墙可以迅速接替其工作,而在切换过程中不影响用户业务,从而提高用户网络的整体可靠性。防火墙支持路由模式的HA和桥模式的HA。路由模式采用 SGRP 冗余备份协议,实现双主的路由负载均衡和主备的路由冗余备份两种工作模式。透明模式下支持通过 STP 和 PVST+的生成树协议完成桥模式的 HA 冗余备份和快速切换。

【实验设备】

• 安全设备:防火墙设备 2 台。
• 网络设备:路由器 1 台,二层交换机 2 台。
• 主机终端:Windows Server 2003 SP2 主机 1 台,Windows XP 主机 1 台,Windows 7 主机 1 台。

【实验拓扑】

实验拓扑如图 4-92 所示。

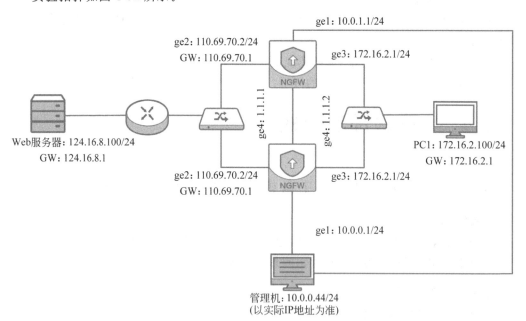

图 4-92　防火墙网关 HA 主备模式部署实验拓扑

【实验思路】

(1) 添加主防火墙 HA 组设置。
(2) 配置主防火墙网络接口。

（3）进行主防火墙地址对象配置。

（4）配置主防火墙静态路由。

（5）配置主防火墙源 NAT 策略和安全策略。

（6）启动主防火墙 HA。

（7）备防火墙 HA 配置。

（8）启动备防火墙 HA,等待与主防火墙配置同步之后,实现 HA 环境。

（9）设置 HA 接口监控。

（10）内网主机正常访问外网网站。

（11）主备防火墙自由切换,内网主机可正常浏览网站。

【实验要点】

选择相同型号的防火墙,选择对应的心跳接口。

【实验步骤】

（1）～（3）登录并管理防火墙,检查防火墙的工作状态。

（4）配置主防火墙接口。在 HA 模式下,需要将两台防火墙的管理 IP 类型设置为 static 模式,以便使用浏览器登录、管理防火墙。在本实验中,两台防火墙的 ge1 口作为管理 IP 接口,其管理 IP 地址分别为"10.0.0.1"和"10.0.1.1",其"类型"均须设置为 static 模式,如图 4-93 所示。

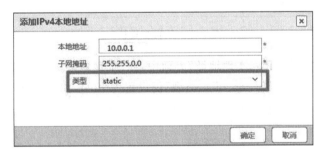

图 4-93　管理接口 IP 类型设置为 static

（5）单击上方导航栏中的"网络配置"→"接口",显示防火墙接口列表,单击 ge2 接口一行右侧"操作"列中的笔形图标,编辑 ge2 接口设置,如图 4-94 所示。

图 4-94　编辑 ge2 接口

（6）在本实验中 ge2 口用于模拟连接外网，ge2 口 IP 设置为"110.69.70.2"，"子网掩码"为"255.255.255.0"，后续步骤按照此要求进行调整。在弹出的"编辑物理接口"界面中，将"安全域"设置为 untrust，"工作模式"选中"路由模式"单选按钮，单击"本地地址列表"一栏中的 IPv4 标签中的"＋添加"按钮，如图 4-95 所示。

图 4-95　编辑物理接口

（7）在弹出的"添加 IPv4 本地地址"界面中，在"本地地址"中输入"110.69.70.2"，在"子网掩码"中输入"255.255.255.0"，"类型"仍设置为 float，如图 4-96 所示。

图 4-96　设置 ge2 接口 IP 地址

（8）确认信息无误后，单击"确定"按钮，返回"编辑物理接口"界面，显示增加的地址信息，如图 4-97 所示。

（9）确认信息无误后，单击"确定"按钮，返回"接口"列表界面，显示 ge2 接口配置信息，如图 4-98 所示。

（10）继续编辑 ge3 接口设置。ge3 接口模拟连接内网，其网段为"172.16.2.0"，其 IP 地址为"172.16.2.1"。单击 ge3 接口一行右侧"操作"列中的笔形标志，在弹出的"编辑物理接口"界面中，将"安全域"设置为 trust，"工作模式"选中"路由模式"单选按钮，单击"本地地址列表"一栏 IPv4 标签页的"＋添加"按钮,添加 ge3 接口的 IP 地址,如图 4-99 所示。

图 4-97 编辑物理接口(已添加地址信息)

图 4-98 接口列表

(11) 在弹出的"添加 IPv4 本地地址"界面中,在"本地地址"中输入"172.16.2.1",在"子网掩码"中输入"255.255.255.0","类型"保留默认的 float,如图 4-100 所示。

(12) 确认信息无误后,单击"确定"按钮,返回"编辑物理接口"界面,可见 ge3 接口信息,如图 4-101 所示。

(13) 确认信息无误后,单击"确定"按钮返回"接口"列表界面,可见 ge2 和 ge3 接口配置信息,如图 4-102 所示。

(14) 配置地址对象,添加子网对象。单击上方导航栏中的"对象配置"→"地址"→"地址",显示当前的地址对象列表,如图 4-103 所示。

(15) 在"地址"界面中单击"＋添加"按钮,在弹出的"添加地址"界面中,在"名称""IP地址"中均输入"172.16.2.0/24",用于标识内网段"172.16.2.0",如图 4-104 所示。

图 4-99　编辑 ge3 接口

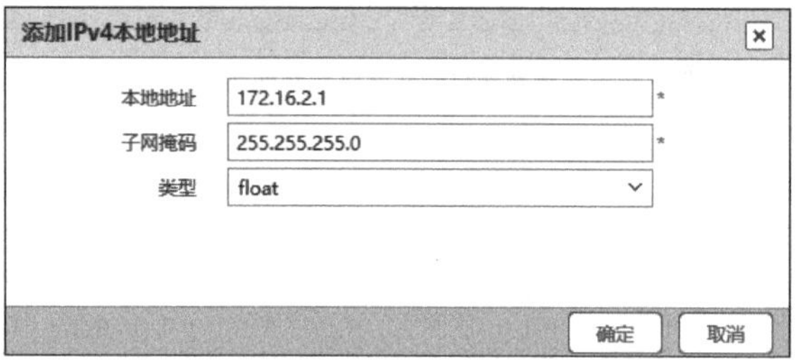

图 4-100　"添加 IPv4 本地地址"界面

图 4-101　编辑 ge3 物理接口信息

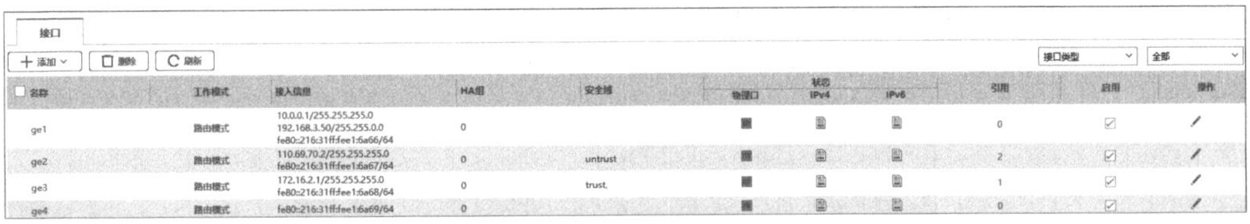

图 4-102　接口列表

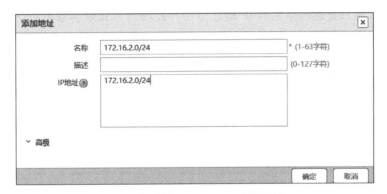

图 4-103　地址对象列表

图 4-104　添加 172.16.2.0 子网对象

（16）确认信息无误后，单击"确定"按钮，返回"地址"列表界面，显示添加的地址对象
"172.16.2.0/24"，如图 4-105 所示。

图 4-105　地址对象列表（已添加地址）

（17）配置静态路由。单击上方导航栏中的"网络配置"→"路由"→"静态路由"，显示
当前的静态路由列表，如图 4-106 所示。

（18）在"静态路由"界面中，单击"＋添加"按钮，在弹出的"添加静态路由"界面中，

图 4-106　静态路由列表

"目的地址/掩码"保留默认的"0.0.0.0/0.0.0.0",将"类型"选中"网关"单选按钮,在"网关"中输入 ge2 接口连接的路由器 IP 地址"110.69.70.1",其余参数不需设置,保留默认值即可,如图 4-107 所示。

图 4-107　添加静态路由

(19)确认信息无误后,单击"确定"按钮,返回"静态路由"列表界面,可见添加的静态路由信息,如图 4-108 所示。

图 4-108　静态路由信息

(20)配置源 NAT 策略。单击上方导航栏中的"策略配置"→"NAT 策略",显示当前的源 NAT 策略列表,如图 4-109 所示。

(21)在弹出的"添加源 NAT"界面中,在"名称"中输入"内网源 NAT 转换",在"转换前匹配"一栏中,"源地址类型"选中"地址对象"单选按钮,将"源地址"设置为"172.16.2.0/24",将"出接口"设置为 ge2,其他参数保留默认即可;在"转换后匹配"一栏中,"地址模式"选中"动态地址"单选按钮,"类型"保留默认的 BY_ROUTE,如图 4-110 和图 4-111 所示。

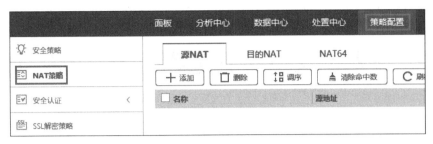

图 4-109　源 NAT 策略列表

图 4-110　添加源 NAT 策略(转换前匹配)

图 4-111　添加源 NAT 策略(转换后匹配)

(22)确认信息无误后,单击"确定"按钮,返回"源 NAT"列表界面,可见添加的源 NAT 策略信息,如图 4-112 所示。

图 4-112　源 NAT 策略列表(已添加源 NAT 策略信息)

(23)配置安全策略。单击上方导航栏中的"策略配置"→"安全策略",显示当前的安全策略列表,如图 4-113 所示。

(24)在"安全策略"界面中,单击"＋添加"按钮,在弹出的"添加安全策略"界面中,在"名称"中输入"内网访问外网",将"源安全域"设置为 trust,将"目的安全域"设置为

untrust,将"源地址/地区"设置为"172.16.2.0/24",其余参数保持默认值即可,如图 4-114 所示。

图 4-113　安全策略列表

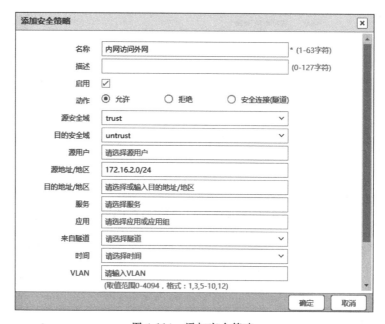

图 4-114　添加安全策略

（25）确认信息无误后,单击"确定"按钮,返回"安全策略"列表界面,显示添加的安全策略,如图 4-115 所示。

图 4-115　安全策略列表(已添加安全策略)

（26）配置主防火墙 HA。单击上方导航栏中的"系统配置"→"高可用性",显示高可用性参数配置,勾选"启用 HA""配置同步""动态信息同步"复选框,将"HA 通信接口(心跳口)"设置为 ge4,"HA 通信端口"保留默认的 6260,在"本地接口 IP"中输入"1.1.1.1",在"对端接口 IP"中输入"1.1.1.2",确认信息无误后,单击"确定"按钮,如图 4-116 所示。

（27）单击"确定"按钮后,显示"执行成功"的提示界面,如图 4-117 所示。

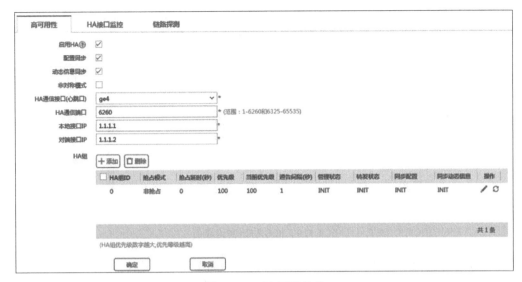

图 4-116　HA 配置信息

图 4-117　执行成功提示

（28）至此，主防火墙设置完成，开始备防火墙设置。

（29）在地址栏中输入备防火墙的 IP 地址"https：//10.0.1.1"，进入防火墙的登录界面，输入管理员用户名 admin 和密码"!1fw@2soc♯3vpn"，登录防火墙，如图 4-118 所示。

图 4-118　防火墙登录界面

（30）用户使用默认密码登录防火墙时，为提高防火墙系统的安全性，防火墙系统会提示用户修改初始密码，本实验不需要修改默认密码，单击"取消"按钮，如图 4-119 所示。

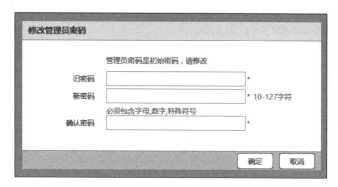

图 4-119　修改初始密码界面

（31）登录防火墙设备后，会显示防火墙的面板，如图 4-120 所示。

图 4-120　防火墙面板

（32）防火墙通常采用备用防火墙与主防火墙同步配置的方式实现主备同步，在本实验中采用自动配置的方式实现配置同步。单击上方导航栏中的"系统配置"→"高可用性"，勾选"启用 HA""配置同步""动态信息同步"复选框，将"HA 通信接口（心跳口）"设置为 ge4，"HA 通信端口"保留默认值 6260，在"本地接口 IP"中输入"1.1.1.2"，在"对端接口 IP"中输入"1.1.1.1"，单击下方的"确定"按钮，如图 4-121 所示。

（33）单击"确定"按钮后，会提示"执行成功"的提示框，如图 4-122 所示。

（34）此时在备用防火墙"高可用性"界面可看到"HA 组 ID"为 0 的"同步配置"状态是 SYNCING，如图 4-123 所示。

（35）同步过程需等待 10 秒左右刷新页面，单击左侧菜单中的"高可用性"刷新页面，可见备用防火墙状态已经同步完成，如图 4-124 所示。

图 4-121　备用防火墙高可用性配置

图 4-122　执行成功提示对话框

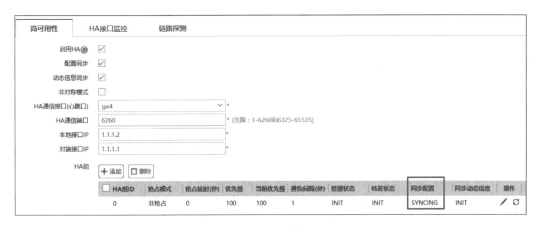

图 4-123　备用防火墙同步主防火墙

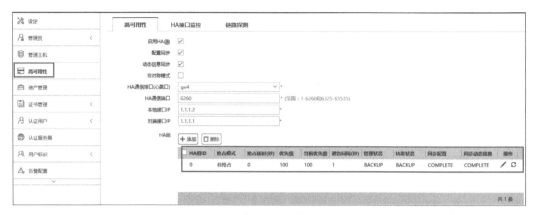

图 4-124　备用防火墙同步配置

（36）主备防火墙同步后，增加主备防火墙 HA 接口监控，实现主备防火墙自动切换。登录主防火墙"10.0.0.1"，单击上方导航栏中"系统配置"→"高可用性"→"HA 接口监控"，显示当前的 HA 接口监控列表，如图 4-125 所示。

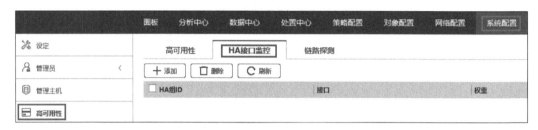

图 4-125　设置主防火墙 HA 接口监控

（37）在"HA 接口监控"界面中，单击"＋添加"按钮，在弹出的"添加 HA 接口监控"界面中，将"HA 组 ID"设置为 0，将"接口"设置为防火墙对外接口 ge2，"权重"保持默认值即可，如图 4-126 所示。

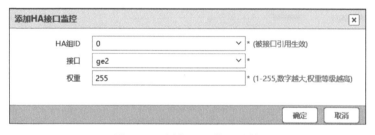

图 4-126　添加 HA 接口监控

（38）确认信息无误后，单击"确定"按钮，返回"HA 接口监控"界面，可见添加的 HA 接口监控信息，如图 4-127 所示。

（39）在备用防火墙"10.0.1.1"设置同样的 HA 接口监控规则，如图 4-128 所示。

（40）至此，两台防火墙的 HA 主备模式基本配置完成。

图 4-127 HA 接口监控列表

图 4-128 备用防火墙 HA 接口监控列表

【实验预期】

（1）内网段主机可正常浏览指定路由的网站内容。

（2）主备防火墙可自由切换并不影响内网主机上网。

【实验结果】

1）内网主机正常浏览对应网站

（1）登录实验平台对应实验拓扑右侧的 Windows XP 虚拟机，如图 4-129 所示。

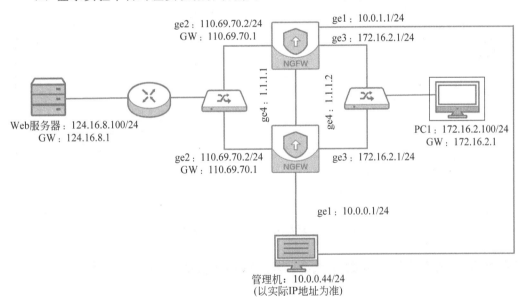

图 4-129 登录右侧 Windows XP 虚拟机

（2）在虚拟机桌面双击火狐浏览器快捷图标，运行火狐浏览器，如图 4-130 所示。

（3）在火狐浏览器地址栏中，输入 ge2 口连接路由器关联的 Web 服务器 IP 地址"124.16.8.100"，可正常浏览网站网页，如图 4-131 所示。

（4）综上所述，内网主机可正常访问外网 Web 服务器网站页面，满足预期要求。

2）主备防火墙切换时不影响内网主机浏览网站

（1）返回主防火墙"10.0.1.1"的 Web UI 界面，单击上方导航栏中的"网络配置"→

"接口",显示接口列表界面,勾选 ge2 接口一行右侧"启用"一列中的复选框,将 ge2 接口关闭,模拟主防火墙出现问题无法运行的情况,如图 4-132 所示。

图 4-130　运行火狐浏览器

图 4-131　正常浏览 ge2 接口连接网站

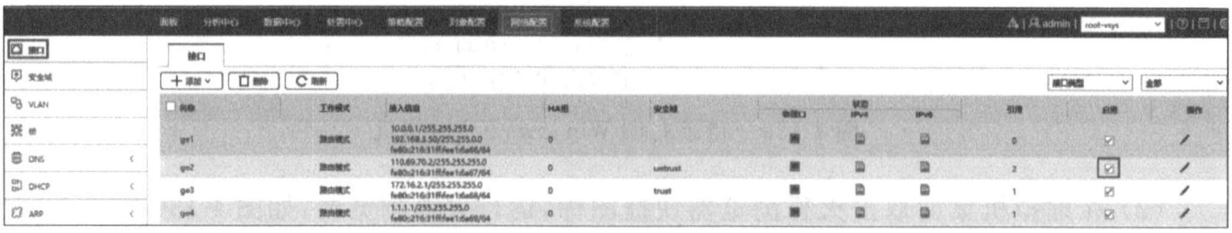

图 4-132　切换主防火墙工作状态

（2）关闭 ge2 接口后会弹出"是否变更接口的启用状态"提示确认框,如图 4-133 所示。

（3）单击"确认"按钮,显示"执行成功"的提示框,如图 4-134 所示。

（4）单击"确认"按钮后,返回"接口"列表界面,显示 ge2 工作状态已经变为灰色,如

图 4-133 提示确认框

图 4-134 执行成功提示框

图 4-135 所示。

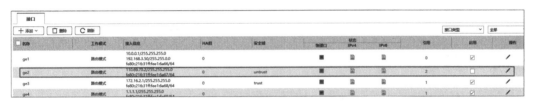

图 4-135 停用主防火墙 ge2 接口

（5）单击上方导航栏中"系统配置"→"高可用性"，在显示的"高可用性"界面中，可见当前工作状态已变为 FAULT 的失效状态，如图 4-136 所示。

图 4-136 主防火墙工作状态

（6）登录备用防火墙"10.0.1.1"，单击上方导航栏中的"系统配置"→"高可用性"，在显示的"高可用性"界面中，可见备用防火墙工作状态已由原来的 BACKUP 变更为 MASTER，如图 4-137 所示。

图 4-137　备用防火墙工作状态变更

（7）登录实验平台对应实验拓扑右侧的 Windows XP 虚拟机。在该虚拟机中的火狐浏览器地址栏中再次输入 ge2 口连接的 Web 服务器 IP 地址"124.16.8.100"，网站可以正常显示，如图 4-138 所示。

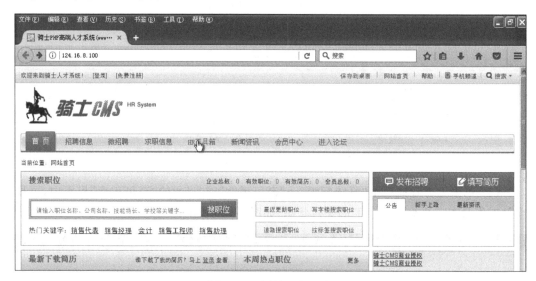

图 4-138　网站正常显示

（8）综上所述，在主备防火墙完成切换后，备用防火墙可以同样完成主防火墙的相关功能，内网用户访问外部 Web 服务器不受影响，满足预期要求。

【实验思考】

（1）在本实验中，主备防火墙同步过程里，对于管理口的 IP 地址类型应设置为什么方式？

（2）除 HA 接口监控外，链路探测的作用是什么？

4.2.2　防火墙虚拟系统创建管理实验

【实验目的】

对防火墙中的虚拟系统功能进行配置,配置两个内网网段分属于不同的防火墙子虚拟系统,对同一网站实现不同安全策略配置,实现防火墙子虚拟系统间各自独立、互不冲突的安全策略配置。

【知识点】

虚拟化、虚拟系统、安全域、安全策略。

【实验场景】

A 公司新增事业一部和事业二部,需要为两个部门的安全策略进行管理。由于两个事业部的安全管理要求不同,安全运维工程师需要利用防火墙的虚拟系统,为两个事业部门设置不同的子虚拟系统和管理员账号,实现各自独立、互不冲突的安全策略管理,请思考应如何配置防火墙的虚拟系统。

【实验原理】

虚拟系统的设计是为了解决在不增加额外防火墙的同时,为业务部门的业务服务器提供相互隔离的安全防护功能,通过防火墙的虚拟系统功能,可以灵活地搭建虚拟环境,实现业务系统、业务部门的安全隔离与访问控制。虚拟系统由根虚拟系统、子虚拟系统和虚拟系统接口构成,根虚拟系统不可创建、不可删除,同时拥有防火墙的全部功能。子虚拟系统是由根虚拟系统创建的、逻辑上的防火墙,可以进行独立的管理和配置。虚拟系统接口由虚拟系统创建,且每个虚拟系统仅能创建一个虚拟接口,分别属于各自的虚拟系统。虚拟系统接口是各个虚拟系统进行内部通信时使用的虚拟接口,模拟一台虚拟三层交换机实现虚拟系统之间的通信,可以不依靠外部物理接口连接。

【实验设备】

- 安全设备:防火墙设备 1 台。
- 网络设备:2 层交换机 2 台,路由器 1 台。
- 主机终端:Windows Server 2003 SP2 主机 1 台,Windows XP 主机 2 台,Windows 7 主机 1 台。

【实验拓扑】

实验拓扑如图 4-139 所示。

【实验思路】

(1) 根系统配置接口 IP 地址。

(2) 根系统配置静态路由。

(3) 根系统配置源地址转换。

(4) 根系统配置安全策略。

(5) 创建虚拟系统 VSYS2 和 VSYS3,并为两个子虚拟系统配置相应管理员账号。

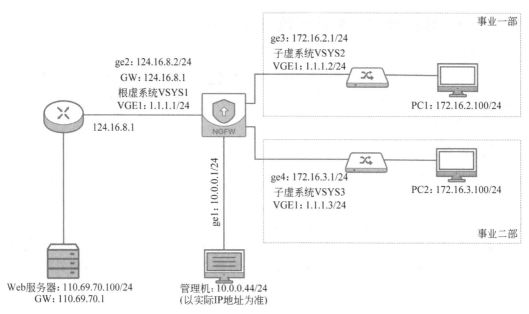

ge2: 124.16.8.2/24
GW: 124.16.8.1
根虚系统VSYS1
VGE1: 1.1.1.1/24

事业一部

ge3: 172.16.2.1/24
子虚系统VSYS2
VGE1: 1.1.1.2/24

PC1: 172.16.2.100/24

124.16.8.1

ge4: 172.16.3.1/24
子虚系统VSYS3
VGE1: 1.1.1.3/24

PC2: 172.16.3.100/24

事业二部

Web服务器: 110.69.70.100/24
GW: 110.69.70.1

管理机: 10.0.0.44/24
(以实际IP地址为准)

图 4-139　防火墙虚拟系统创建管理实验拓扑

（6）配置 VSYS2 的接口 IP 地址、静态路由、安全策略。

（7）配置 VSYS3 的接口 IP 地址、静态路由、安全策略。

（8）事业一部子网网段主机可正常访问 Web 服务器。

（9）事业二部子网网段主机不可访问 Web 服务器。

【实验要点】

每个子虚拟系统的虚拟接口是虚拟系统间数据通信的基虚拟系统接口（vge），用来进行虚拟系统间的通信。每个 VSYS 只能创建一个虚拟系统接口（vge1）。

【实验步骤】

（1）～（3）登录并管理防火墙，检查防火墙的工作状态。

（4）单击面板上方导航栏中的"网络配置"→"接口"，显示防火墙接口列表，单击 ge2 右侧"操作"中的笔形标志，编辑 ge2 接口设置。

（5）在本实验中，ge2 口用于模拟连接 Internet 的接口，因此将 ge2 口 IP 设置为"124.16.8.2"，掩码为"255.255.255.0"，安全域为 untrust，后续步骤按照此要求进行调整。在"编辑物理接口"界面中，"工作模式"选中"路由模式"单选按钮，单击"本地地址列表"一栏中的 IPv4 标签中的"＋添加"按钮。

（6）在弹出的"添加 IPv4 本地地址"界面中，在"本地地址"中输入本实验设定的 ge2 对应 IP 地址为"124.16.8.2"，该地址用于与实验虚拟机通信使用，在"子网掩码"中输入"255.255.255.0"，"类型"保留默认值 float，如图 4-140 所示。

（7）单击"确定"按钮，返回"编辑物理接口"界面，可在"本地地址列表"中查看添加的 IP 地址信息。

（8）查看 ge2 参数是否无误，单击"确定"按钮，关闭"编辑物理接口"界面，返回"接口"界面,查看 ge2 接口信息是否设置完成,如图 4-141 所示。

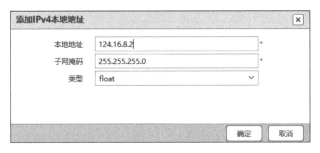

图 4-140 添加 IPv4 本地地址

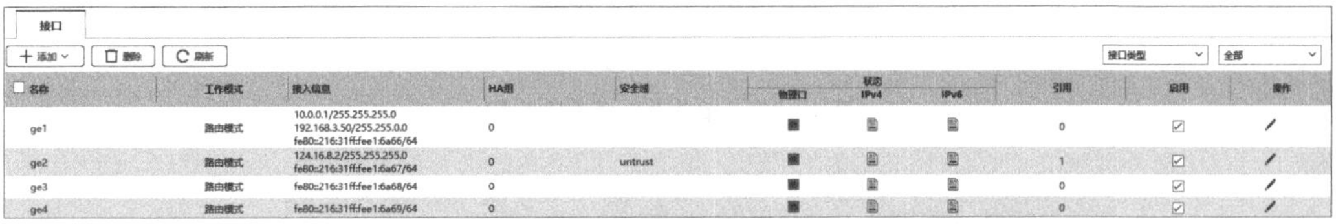

图 4-141 查看接口信息

(9)配置根虚拟系统端口。继续单击"接口"界面中的"+添加∨"按钮旁的向下箭头,在弹出的菜单中选择"虚拟系统接口",如图 4-142 所示。

图 4-142 选择"虚拟系统接口"

(10)配置虚拟系统上网时,根据预先定义虚拟系统网络配置,根虚拟系统的 IP 地址为"1.1.1.1/255.255.255.0",首先需要配置根虚拟系统的接口参数。在弹出的"添加虚拟系统接口"界面中,"名称"系统已定义,不需要改动。将"安全域"设置为 trust,"工作模式"选中"路由模式"单选按钮,在"本地地址列表"一栏的"IPv4"标签中,单击"+添加"按钮,如图 4-143 所示。

(11)在弹出的"添加 IPv4 本地地址"界面中,在"本地地址"中输入"1.1.1.1",在"子网掩码"中输入"255.255.255.0","类型"设置为默认的 float,如图 4-144 所示。

(12)单击"确定"按钮,返回"添加虚拟系统接口"界面,如图 4-145 所示。

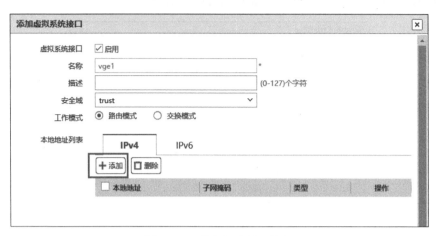

图 4-143 单击"＋添加"按钮

图 4-144 添加根虚拟接口 IPv4 地址

图 4-145 检查接口信息

（13）查看信息无误后，单击"确定"按钮，返回"接口"界面列表，会显示当前的接口信息，如图 4-146 所示。

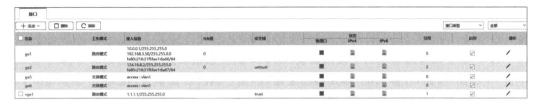

图 4-146　接口信息列表

（14）配置默认路由，以保证两个事业部内网用户均可以上网。单击上方导航栏中"网络配置"→"路由"→"静态路由"，显示"静态路由"的列表信息，如图 4-147 所示。

图 4-147　静态路由列表

（15）单击"＋添加"按钮，在弹出的"添加静态路由"界面中，"目的地址/掩码"保持默认的"0.0.0.0/0.0.0.0"，"类型"选中"网关"单选按钮，在"网关"中输入 ge2 口连接路由器的 IP 地址"124.16.8.1"，如图 4-148 所示。

图 4-148　添加静态路由

（16）单击"确定"按钮，返回"静态路由"列表，可查看增加的静态路由，添加此路由用于保证所有上网流量都可到达外网，如图 4-149 所示。

图 4-149　添加默认路由

(17) 配置根虚拟系统到子虚拟系统 VSYS2 的静态路由。在"静态路由"列表中继续单击"＋添加"按钮,在弹出的"添加静态路由"界面中,在"目的地址/掩码"中输入 ge3 口对应的 IP 地址段"172.16.2.0/24","类型"选中"网关"单选按钮,在"网关"中输入预定义的 VSYS2 的 IP 地址"1.1.1.2",如图 4-150 所示。

图 4-150　添加子虚拟系统 VSYS2 的静态路由

(18) 单击"确定"按钮,在"静态路由"列表中显示当前添加好的外网路由和子虚拟系统 VSYS2 的路由,如图 4-151 所示。

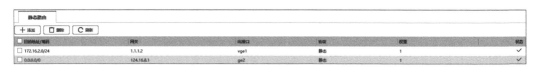

图 4-151　路由列表

(19) 配置从根虚拟系统到子虚拟系统 VSYS3 的静态路由。继续在"静态路由"列表界面单击"＋添加"按钮,在弹出的"添加静态路由"界面中,在"目的地址/掩码"中输入 ge4 口对应的 IP 地址段"172.16.3.0/24","类型"选中"网关"单选按钮,在"网关"中输入 VSYS3 的 IP 地址"1.1.1.3",如图 4-152 所示。

图 4-152　添加子虚拟系统 VSYS3 的静态路由

(20) 单击"确定"按钮,返回"静态路由"列表界面,显示添加的外网路由和两个子虚拟系统路由,如图 4-153 所示。

(21) 配置源 NAT 策略,隐藏内网信息。单击上方导航栏中的"策略配置"→"NAT

策略",显示当前源 NAT 策略列表,如图 4-154 所示。

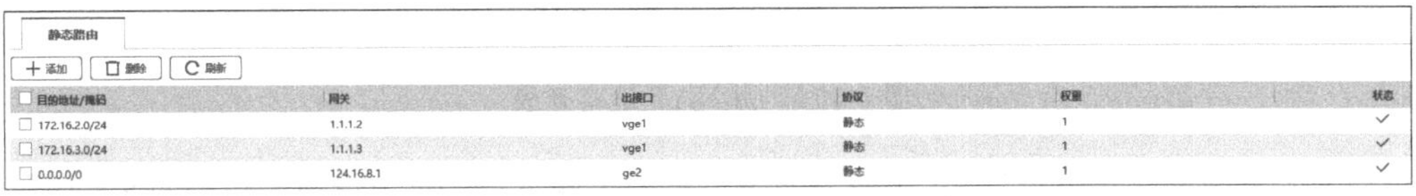

图 4-153　静态路由列表

图 4-154　NAT 策略列表

（22）单击"＋添加"按钮,在弹出的"添加源 NAT"界面中,在"名称"中输入"源 NAT
转换",在"转换前匹配"一栏中,将"源地址类型"选中"地址对象"单选按钮,将"源地址"设
置为 any,将"目的地址类型"选中"地址对象"单选按钮,将"目的地址""服务"均设置为
any,将"出接口"设置为 ge2。在"转换后匹配"一栏中,将"地址模式"设置为"动态地址",
将"类型"设置为 BY_ROUTE,如图 4-155 和图 4-156 所示。

图 4-155　添加源 NAT 转换策略

图 4-156　"转换后匹配"界面

（23）确认信息无误后,单击"确定"按钮,返回"源 NAT"策略列表界面,可见添加的
源 NAT 转换策略,如图 4-157 所示。

图 4-157　源 NAT 策略列表

（24）配置防火墙安全策略，用于内网虚拟系统上网。单击上方导航栏中"策略配置"→"安全策略"，显示当前安全策略列表，如图 4-158 所示。

图 4-158　安全策略列表

（25）单击"＋添加"按钮，在弹出的"添加安全策略"界面中，在"名称"中输入"虚拟系统"，勾选"启用"复选框，将"动作"选中"允许"单选按钮，将"源安全域"和"目的安全域"均设置为 any，此条安全策略为全通安全策略，即防火墙将收到的所有请求全部转发，在实际应用中需配合具体网络环境进行设置，如图 4-159 所示。

图 4-159　配置安全策略

（26）单击"确定"按钮，返回"安全策略"列表，显示当前添加好的安全策略，如图 4-160 所示。

（27）配置子虚拟系统 VSYS2。单击上方导航栏中的"系统配置"，再单击左侧菜单栏最下方的"∨"标志，展开隐藏的菜单，如图 4-161 所示。

图 4-160　安全配置列表

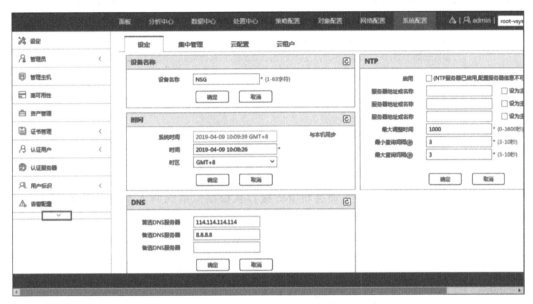

图 4-161　进入系统配置页面

（28）单击"∨"标志后，在隐藏菜单中选择"虚拟系统"，显示当前防火墙虚拟系统列表，如图 4-162 所示。

图 4-162　防火墙虚拟系统列表

（29）防火墙默认自带的虚拟系统为"root-vsys"，称为"根虚拟系统"，防火墙所有功能均在根虚拟系统中运行，默认将防火墙的所有接口列入根虚拟系统，根虚拟系统不可删除。

（30）在"虚拟系统"列表界面中，单击"＋添加"按钮，开始添加子虚拟系统，在弹出的"添加虚拟系统"界面中，在"名称"中输入"VSYS2"，将"接口"设置为 ge3，如图 4-163所示。

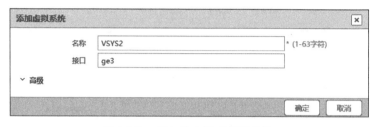

图 4-163　添加防火墙虚拟子系统

（31）单击"确定"按钮，防火墙会将 ge3 接口从根虚拟系统调入子虚拟系统，返回"虚拟系统"列表，如图 4-164 所示。

图 4-164　添加子虚拟系统

（32）继续在"虚拟系统"列表界面中单击"＋添加"按钮，添加子虚拟系统 VSYS3。在弹出的"添加虚拟系统"界面中，在"名称"中输入 VSYS3，将"接口"设置为 ge4，如图 4-165 所示。

图 4-165　添加子虚拟系统 VSYS3

（33）单击"确定"按钮，返回"虚拟系统"列表界面，防火墙将 ge4 接口分配给子虚拟系统 VSYS3,如图 4-166 所示。

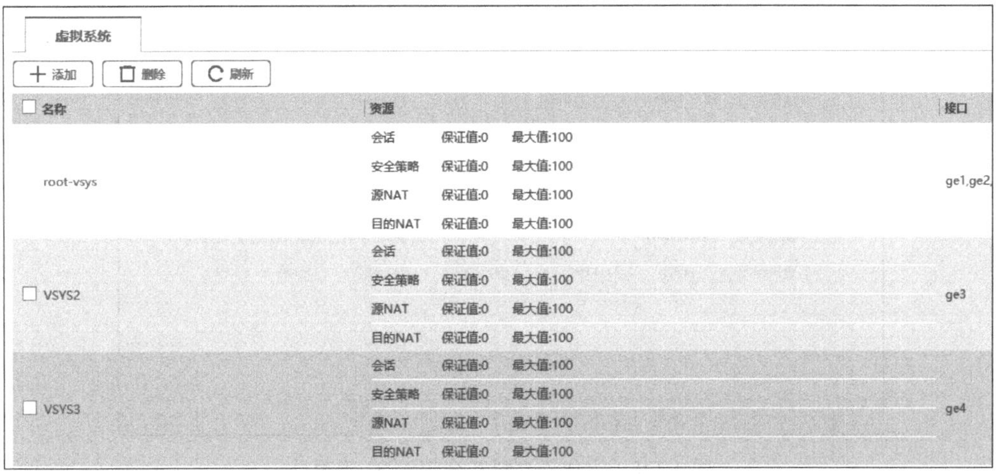

图 4-166　虚拟系统列表

（34）为两个子虚拟系统创建对应超级管理员,在实际使用中根据需要增加其他管理员。单击上方导航栏中的"系统配置"→"管理员"→"管理员",显示当前的管理员清单,如图 4-167 所示。

图 4-167　管理员列表

（35）在"管理员"界面中单击"＋添加"按钮,在弹出的"添加管理员"界面中,在"管理员名称"中输入"VSYS2-admin",将"认证类型"选中"本地"单选按钮,将"系统"设置为 VSYS2,将"角色"设置为"超级管理员",在"密码"和"确认密码"中均输入"!1qazxsw2@",将"登录类型"设置为 HTTPS,如图 4-168 所示。

（36）确认信息无误后,单击"确定"按钮,返回"管理员"列表界面,出现添加的 VSYS2-admin 管理员信息,如图 4-169 所示。

（37）继续在"管理员"界面中单击"＋添加"按钮,添加子虚拟系统 VSYS3 的管理员。在弹出的"添加管理员"界面中,在"管理员名称"中输入"VSYS3-admin",将"认证类型"选中"本地"单选按钮,将"系统"设置为 VSYS3,将"角色"设置为"超级管理员",在"密码"和"确认密码"中均输入"!1qazxsw2@",将"登录类型"设置为 HTTPS,如图 4-170 所示。

图 4-168 添加子虚拟系统 VSYS2 管理员

图 4-169 管理员列表

图 4-170 添加子虚拟系统 VSYS3 管理员

（38）确认信息无误后，单击"确定"按钮，返回"管理员"列表界面，出现添加的两个子虚拟系统管理员信息，如图 4-171 所示。

（39）在实际使用中应由两个子虚拟系统管理员登录防火墙，对各自负责管理的虚拟防火墙进行管理。因此分配好两个子虚拟系统管理员后，使用两个子虚拟系统管理员账

图 4-171　管理员列表

号登录、配置防火墙。在防火墙 Web UI 界面中,单击上方导航栏右侧的齿轮形标志,在弹出的菜单中选择"退出",退出当前根虚拟系统的 admin 账户,如图 4-172 所示。

(40) 单击"退出"后,会显示"是否退出"的确认框,如图 4-173 所示。

图 4-172　退出当前根虚拟系统　　　　　　图 4-173　"是否退出"确认框

(41) 单击"确认"按钮,退出根虚拟系统 admin 账号后,返回防火墙登录界面,输入管理员用户名"VSYS2-admin"和密码"!1qazxsw2@"登录防火墙,如图 4-174 所示。

图 4-174　使用 VSYS2-admin 用户名登录防火墙

(42) 子虚拟系统与根虚拟系统界面非常类似,配置过程也基本相同。首先需要配置网络接口。单击上方"网络配置"→"接口",显示子虚拟系统当前的接口列表,如

图 4-175 所示。

图 4-175　子虚拟系统接口列表

（43）子虚拟系统 VSYS2 接口是依托 ge3 接口，因此在子虚拟系统中默认包含 ge3 接口，且不可删除，仅可编辑。单击 ge3 接口一行右侧的笔形标志，编辑 ge3 接口的参数，如图 4-176 所示。

图 4-176　编辑 ge3 接口信息

（44）ge3 接口连接的是内网网段，因此"安全域"选择 trust，继续单击"本地地址列表"里"IPv4"标签栏中的"＋添加"按钮，在弹出的"添加 IPv4 本地地址"界面中，在"本地地址"中输入分配给 ge3 的内网地址"172.16.2.1"，在"子网掩码"中输入"255.255.255.0"，将"类型"设置为 float，如图 4-177 所示。

（45）单击"确定"按钮，返回"编辑物理接口"界面，如图 4-178 所示。

（46）确认参数无误后，单击"确定"按钮，返回"接口"列表界面，可查看 ge3 接口信息，如图 4-179 所示。

（47）在子虚拟系统 VSYS2 中，配置与根虚拟系统连通的虚拟接口。单击"接口"界面中的"＋添加﹀"按钮，在弹出的菜单中选择"虚拟系统接口"，如图 4-180 所示。

（48）在弹出的"添加虚拟系统接口"界面中，在"本地地址列表"一栏的 IPv4 标签栏中，单击"＋添加"按钮，如图 4-181 所示。

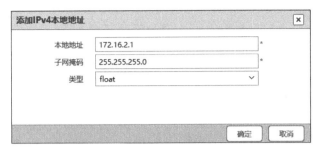

图 4-177　编辑 ge3 接口配置

图 4-178　ge3 接口参数

图 4-179　接口列表

图 4-180　子虚拟系统 VSYS2 中的接口界面

图 4-181　添加虚拟系统接口

（49）在"添加 IPv4 本地地址"界面中，添加子虚拟 VSYS2 系统的 IP 地址"1.1.1.2"，子网掩码为"255.255.255.0"，"类型"设置为 float，如图 4-182 所示。

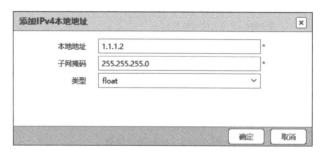

图 4-182　添加子虚拟系统 IP 地址

（50）单击"确定"按钮，查看子虚拟系统接口参数是否无误，如图 4-183 所示。

（51）单击"确定"，返回"接口"列表，显示子虚拟系统中接口列表，如图 4-184 所示。

（52）配置子虚拟 VSYS2 系统静态路由，建立与根虚拟系统的路由，保证所有上网流量通过根虚拟系统的虚拟系统接口转发。单击"网络配置"→"路由"→"静态路由"，显示当前子虚拟 VSYS2 系统的静态路由列表，如图 4-185 所示。

（53）单击"＋添加"按钮，在弹出的"添加静态路由"界面中，"目的地址/掩码"保留默认的"0.0.0.0/0.0.0.0"，"类型"选中"网关"单选按钮，在"网关"中输入在根虚拟系统中创建的虚拟接口 vge1 的 IP 地址"1.1.1.1"，如图 4-186 所示。

（54）确认信息无误后，单击"确定"按钮，返回"静态路由"列表界面，显示当前子虚拟系统中的静态路由列表，如图 4-187 所示。

（55）继续添加子虚拟系统 VSYS2 与子虚拟系统 VSYS3 的路由信息。单击"＋添加"按钮，在弹出的"添加静态路由"界面中，在"目的地址/掩码"中输入 ge4 接口连接的

图 4-183　子虚拟系统接口 vge1 信息

图 4-184　子虚拟系统接口列表

图 4-185　子虚拟系统静态路由列表

图 4-186　添加静态路由

图 4-187　子虚拟系统静态路由列表（已添加静态路由）

IP 地址段"172.16.3.0/24"，"类型"选中"网关"单选按钮，在"网关"中输入 VSYS3 的预定义 vge1 接口 IP 地址"1.1.1.3"，如图 4-188 所示。

图 4-188　添加去往 VSYS3 的路由

（56）单击"确定"按钮，返回"静态路由"列表界面，可查看添加的与根虚拟系统和子虚拟系统 VSYS2 的路由信息，如图 4-189 所示。

图 4-189　VSYS2 静态路由列表

（57）配置子虚拟系统 VSYS2 的安全策略。单击"策略配置"→"安全策略"，显示当前子虚拟系统中的安全策略列表，如图 4-190 所示。

图 4-190　子虚拟系统 VSYS2 安全策略列表

（58）在"安全策略"标签页中，单击"＋添加"按钮，在弹出的"添加安全策略"界面中，在"名称"中输入"VSYS2 的安全策略"，勾选"启用"复选框，将"动作"选中"允许"单选按钮，将"源安全域""目的安全域""源地址/地区""目的地址/地区""服务"和"应用"均设置为 any，如图 4-191 所示。

（59）在子虚拟系统 VSYS2 中配置的安全策略为全通策略，主要用于与子虚拟系统 VSYS3 系统的全不通策略进行对比，实际使用时应以相应的网络安全要求进行配置。

图 4-191 配置子虚拟 VSYS2 系统安全策略

（60）单击"确定"按钮，返回"安全策略"列表，显示当前的安全策略列表，如图 4-192
所示。

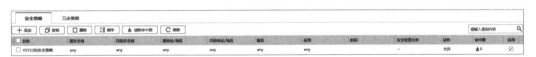

图 4-192 子虚拟 VSYS2 系统安全策略列表（已添加安全策略）

（61）至此，子虚拟系统 VSYS2 配置完毕，单击上方导航栏中的齿轮形图标，退出
VSYS2 系统。在防火墙登录界面输入用户名"VSYS3-admin"和密码"!1qazxsw2@"登录
至子虚拟系统 VSYS3 中，开始对子虚拟系统 VSYS3 进行设置，如图 4-193 所示。

（62）配置 VSYS3 网络接口。单击上方"网络配置"→"接口"，显示子虚拟系统
VSYS3 当前的接口列表，如图 4-194 所示。

（63）子虚拟 VSYS3 接口是依托 ge4 接口，因此在子虚拟系统中默认包含 ge4 接口，
且不可删除，仅可编辑。单击 ge4 接口一行右侧的笔形标志，编辑 ge4 接口的参数，如
图 4-195 所示。

（64）ge4 接口连接的是内网地址段，因此将"安全域"设置为 trust，单击"本地地址列
表"中 IPv4 标签栏中的"＋添加"按钮，在弹出的"添加 IPv4 本地地址"界面中，在"本地地
址"中输入分配给 ge4 的内网地址"172.16.3.1"，在"子网掩码"中输入"255.255.255.0"，
如图 4-196 所示。

（65）单击"确定"按钮，返回"编辑物理接口"界面，如图 4-197 所示。

（66）确认参数无误后，单击"确定"按钮，返回"接口"列表界面，可查看 ge4 接口信
息，如图 4-198 所示。

图 4-193 选择 VSYS3 子虚拟系统

图 4-194 子虚拟系统接口列表

图 4-195 编辑 ge4 接口信息

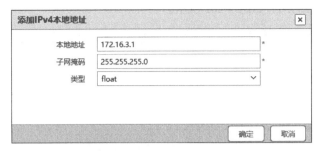

图 4-196　编辑 ge4 接口配置

图 4-197　ge4 接口参数

图 4-198　接口列表

（67）在子虚拟系统 VSYS3 中,配置与根虚拟系统连通的虚拟接口。单击"接口"界面中的"＋添加∨"按钮,在弹出的菜单中选择"虚拟系统接口",如图 4-199 所示。

（68）在弹出的"添加虚拟系统接口"界面中,在"本地地址列表"一栏的"IPv4"标签栏中,单击"＋添加"按钮,如图 4-200 所示。

（69）在"添加 IPv4 本地地址"界面中,添加子虚拟系统 VSYS3 的 IP 地址"1.1.1.3",子网掩码为"255.255.255.0",如图 4-201 所示。

图 4-199　子虚拟系统 VSYS3 中的接口界面

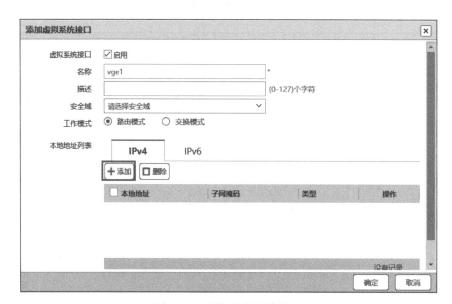

图 4-200　添加虚拟系统接口

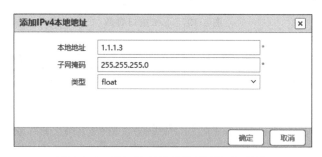

图 4-201　添加子虚拟系统 VSYS3IP 地址

（70）单击"确定"按钮，查看子虚拟系统接口参数是否无误，如图 4-202 所示。

（71）单击"确定"按钮，返回"接口"列表，显示子虚拟系统 VSYS3 中接口列表，如图 4-203 所示。

（72）配置子虚拟系统 VSYS3 静态路由，建立与根虚拟系统的路由，保证所有上网流量通过根虚拟系统的虚拟系统接口转发。单击"网络配置"→"路由"→"静态路由"，显示当前子虚拟 VSYS2 系统的静态路由列表，如图 4-204 所示。

图 4-202　子虚拟系统 VSYS3 接口 vge1 信息

图 4-203　子虚拟系统接口列表

图 4-204　子虚拟系统静态路由列表

（73）单击"＋添加"按钮，在弹出的"添加静态路由"界面中，"目的地址/掩码"保留默认的"0.0.0.0/0.0.0.0"，"类型"选中"网关"单选按钮，在"网关"中输入在根虚拟系统中创建的虚拟接口 vge1 的 IP 地址"1.1.1.1"，如图 4-205 所示。

（74）确认信息无误后，单击"确定"按钮，返回"静态路由"列表界面，显示当前子虚拟系统中的静态路由列表,如图 4-206 所示。

图 4-205　添加静态路由

图 4-206　子虚拟系统静态路由列表

(75)继续添加子虚拟系统 VSYS3 与子虚拟系统 VSYS2 的路由信息。单击"＋添加"按钮,在弹出的"添加静态路由"界面中,在"目的地址/掩码"中输入 ge4 接口连接的 IP 地址段"172.16.2.0/24","类型"选中"网关"单选按钮,在"网关"中输入 VSYS3 的预定义 vge1 接口 IP 地址"1.1.1.2",如图 4-207 所示。

图 4-207　添加去往 VSYS2 的路由

(76)单击"确定"按钮,返回"静态路由"列表界面,可查看添加的与根虚拟系统和子虚拟系统 VSYS2 的路由信息,如图 4-208 所示。

图 4-208　VSYS2 静态路由列表

（77）配置子虚拟系统 VSYS3 的安全策略。单击"策略配置"→"安全策略"，显示当前子虚拟系统 VSYS3 中的安全策略列表，如图 4-209 所示。

图 4-209 子虚拟系统安全策略列表

（78）在"安全策略"标签页中，单击"＋添加"按钮，在弹出的"添加安全策略"界面中，在"名称"中输入"VSYS3 的安全策略"，勾选"启用"复选框，将"动作"选中"拒绝"单选按钮，将"源安全域""目的安全域""源地址/地区""目的地址/地区""服务"和"应用"均设置为 any，如图 4-210 所示。

图 4-210 配置子虚拟 VSYS2 系统安全策略

（79）在子虚拟系统 VSYS3 中配置的安全策略为全不通，主要用于与子虚拟系统 VSYS2 的全通策略进行对比，实际使用时以网络安全要求进行配置。

（80）单击"确定"按钮，返回"安全策略"列表，显示当前的安全策略列表，如图 4-211 所示。

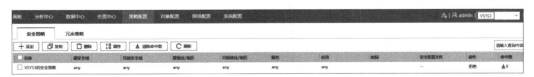

图 4-211 子虚拟 VSYS2 系统安全策略列表

（81）在虚拟系统中，根虚拟系统和子虚拟系统的接口名称均为默认的 vge1，需要注意区分，根虚拟系统和子虚拟系统之间是通过"1.1.1.0"网段进行通信，因此根虚拟系统的虚拟接口 vge1 的 IP 地址为"1.1.1.1"，子虚拟系统中的虚拟接口 vge1 的 IP 地址分别为"1.1.1.2"和"1.1.1.3"，通过建立静态路由实现三个虚拟系统之间的路由交换。

【实验预期】

（1）事业一部主机可访问外网 Web 服务器。

（2）事业二部主机不能访问外网 Web 服务器。

【实验结果】

1）事业一部内网主机访问 Web 服务器

（1）登录实验平台里对应实验拓扑中右侧上方的虚拟机 PC，如图 4-212 所示。

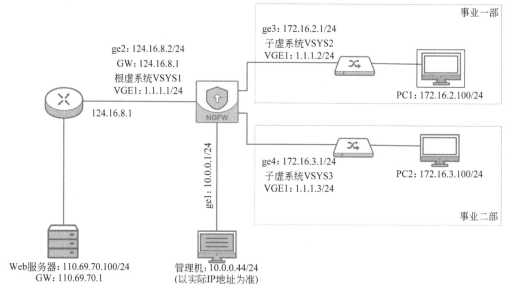

图 4-212　登录右侧虚拟机

（2）在虚拟机中，双击桌面的火狐浏览器快捷图标，运行火狐浏览器，如图 4-213 所示。

图 4-213　运行火狐浏览器

（3）在浏览器地址栏中输入 ge2 接口连接的 Web 服务器的 IP 地址"110.69.70. 100"，浏览器可显示网站内容，如图 4-214 所示。

图 4-214　子虚拟系统 VSYS2 内网主机访问网站

（4）综上所述，子虚拟系统 VSYS2 中的内网主机，可通过子虚拟系统和根虚拟系统之间的相关系统配置和安全策略，实现正常上网访问，满足预期要求。

2）事业二部内网主机不能访问 Web 服务器

（1）登录实验平台里对应实验拓扑中右侧下方的 Windows XP 虚拟机，如图 4-215 所示。

（2）在虚拟机中，双击桌面的火狐浏览器快捷图标，运行火狐浏览器，如图 4-216 所示。

（3）在浏览器地址栏中输入 ge2 接口连接的 Web 服务器的 IP 地址为"110.69.70. 100"，浏览器无法显示网站内容，如图 4-217 所示。

（4）综上所述，子虚拟系统 VSYS3 中的内网主机，通过子虚拟系统和根虚拟系统之间的相关系统配置和安全策略，实现拒绝上网访问，满足预期要求。

【实验思考】

（1）虚拟系统分配资源和端口时的注意事项有哪些？

（2）子虚拟系统是否可以创建下级子虚拟系统？

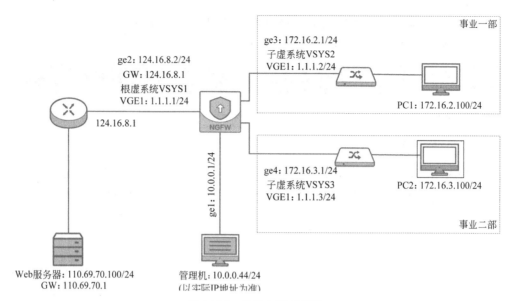

图 4-215　登录右侧虚拟机

图 4-216　运行火狐浏览器

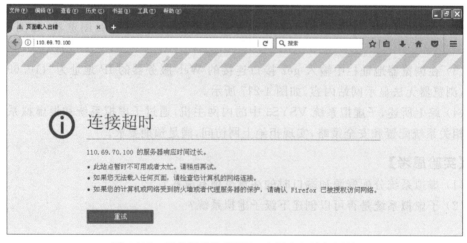

图 4-217　子虚拟系统 VSYS3 内网主机访问网站

4.3　数据分析

4.3.1　防火墙会话管理实验

【实验目的】

管理员可以通过配置防火墙的会话限制功能,限制 P2P 流量的并发连接数以及来自外网或限制内网的高新建、高并发的攻击行为,以保护连接表不被 DDoS 攻击填满。

【知识点】

IP 并发连接、IP 新建连接、会话。

【场景描述】

A 公司搭建了一项新的服务,由于经费不足,暂时用一台性能比较低的服务器运行了这项新服务。运行一段时间后,安全运维工程师发现,这台服务器老是停止服务,检查发现内网有一台 PC 中了病毒,不停地和这台服务器建立会话连接,导致服务器资源耗尽。请思考应如何通过配置防火墙解决这个问题。

【实验原理】

会话限制规则基于安全域,主要针对安全域中的 IP 地址进行连接数的限制。会话限制规则支持单个 IP 地址设置并发和新建限制,也可以对网段内的所有 IP 设置总计的并发和新建限制。

【实验设备】

* 安全设备:防火墙设备 1 台。
* 主机终端:Windows 7 主机 2 台,Windows Server 2003 SP1 主机 1 台。

【实验拓扑】

实验拓扑如图 4-218 所示。

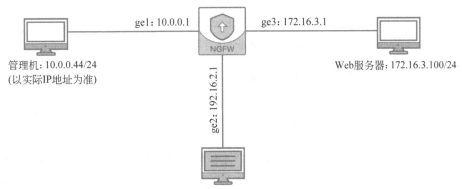

图 4-218　防火墙会话管理实验拓扑

【实验思路】

（1）配置防火墙 ge3 接口处于 untrust 安全域。

（2）配置防火墙 ge2 接口处于 trust 安全域。

（3）配置基于 trust 域的会话限制。

（4）ge2 接口内的主机访问 ge3 接口所连服务器搭建的网站。

【实验要点】

下一代防火墙管理员可以单击"策略配置"→"会话限制"，添加会话限制策略以实现防火墙的会话限制功能。

【实验步骤】

（1）～（3）登录并管理防火墙，检查防火墙的工作状态。

（4）单击面板上方导航栏中的"网络配置"，单击 ge2 右侧"操作"中的笔形标志，编辑 ge2 接口。

（5）本实验中，ge2 接口模拟连接公司内部网络中的一台计算机，因此将 ge2 口 IP 设置为"192.16.2.1"，"子网掩码"输入"255.255.255.0"，"安全域"为 trust，后续步骤按照此要求进行调整。在"编辑物理接口"界面中，"工作模式"选中"路由模式"单选按钮，单击本地地址列表中的 IPv4 标签列表中的"＋添加"按钮。如果已有 IP 地址的设置，则单击 IP 地址右侧"操作"的笔形标志，视具体情况决定，其他保持默认配置。

（6）在"添加 IPv4 本地地址"界面中，输入本实验设定的 IP 地址"192.16.2.1"，该地址用于与实验虚拟机通信，输入"子网掩码"为"255.255.255.0"，"类型"默认为 float，如图 4-219 所示。

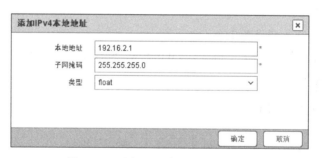

图 4-219　编辑 ge2 接口 IP 地址参数

（7）单击"确定"按钮，返回"编辑物理接口"界面，再单击"确定"按钮，关闭"编辑物理接口"界面。

（8）在本实验中，ge3 口用于模拟连接 Web 服务器，因此将 ge3 口 IP 设置为"172.16.3.1"，"子网掩码"输入"255.255.255.0"，将"安全域"设置为 untrust，后续步骤按照此要求进行调整。在"编辑物理接口"界面中，"工作模式"选中"路由模式"单选按钮，单击本地地址列表中的 IPv4 标签列表中的"＋添加"按钮。如果已有 IP 地址设置，则单击 IP 地址右侧"操作"的笔形标志，视具体情况决定，其他保持默认配置。

（9）在"添加 IPv4 本地地址"中，输入本实验设定的 IP 地址"172.16.3.1"，该地址用于与 Web 服务器通信,输入"子网掩码"为"255.255.255.0","类型"默认为 float,如图 4-220 所示。

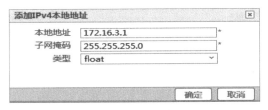

图 4-220　编辑 ge3 接口 IP 地址参数

（10）单击"确定"按钮,返回"编辑物理接口"界面,确定接口的相关信息准确无误后,再单击"确定"按钮,返回"接口"界面。查看 ge2 和 ge3 接口信息,如图 4-221 所示。

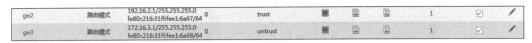

图 4-221　查看 ge2 和 ge3 接口信息

（11）单击面板上方导航栏中的"策略配置",单击左侧的"安全策略"。在"安全策略"界面中,单击"＋添加"按钮,添加安全策略,如图 4-222 所示。

图 4-222　添加安全策略

（12）在"添加安全策略"界面中,在"名称"中输入"会话管理",其他保持默认配置,如图 4-223 所示。

（13）单击"确定"按钮,关闭"添加安全策略"界面。单击左侧的"会话限制",在"会话限制"界面中,单击"＋添加"按钮,添加会话限制,如图 4-224 所示。

（14）在"添加会话限制"界面中,在"名称"中输入"会话限制"。勾选"启用"复选框,"方向"选中"双向"单选按钮,将"IP 地址"设置为 any,"应用"设置为 any,"安全域"设置

图 4-223　设置安全策略

图 4-224　添加会话限制

为 trust,"每 IP 并发"设置为 1,其他保持默认配置,这样设置使得每个 trust 域的 IP 只能新建一个连接,单击"确定"按钮,会话管理配置完成,如图 4-225 所示。

【实验预期】

当虚拟机的 IP 地址并发或新建的连接数超过所限制的阈值时,超过阈值的链接将会丢失。

图 4-225　设置会话限制

【实验结果】

（1）进入实验平台对应的实验拓扑，单击下方的虚拟机，进入 PC，如图 4-226 所示。

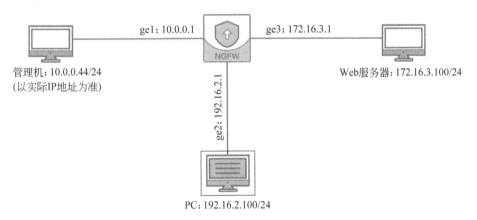

图 4-226　打开实验虚拟机

（2）进入实验虚拟机，打开火狐浏览器，在地址栏中输入"172.16.3.100"后按 Enter 键，成功访问 CMS 服务器网站，如图 4-227 所示。

（3）单击"开始"→"命令提示符"，输入命令"ping172.16.3.100"，访问 CMS 服务器，同时不断单击火狐浏览器上已访问链接右方的红框按钮，保持连接生效，如图 4-228 所示。

（4）在"命令提示符"界面，发现无法 ping 通 CMS 服务器，这说明设置生效，如图 4-229 所示。

图 4-227　成功访问 CMS 服务器网站

图 4-228　保持网页连接生效

【实验思考】

（1）怎样设置可使每个 IP 地址的并发数不能超过 8 个？

（2）怎样设置可使所有 IP 地址的并发数不能超过 100 个？

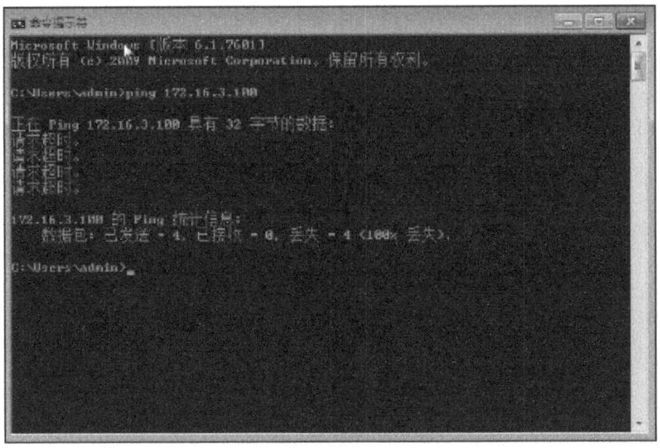

图 4-229 无法 ping 通 CMS 服务器

4.3.2 防火墙日志管理实验

【实验目的】

管理员通过查看防火墙中的日志信息,能够详细了解防火墙功能的发挥情况以及防火墙针对不同网络情况所产生的行为。

【知识点】

日志、过滤规则、安全策略。

【实验场景】

因安全运维工程师的徒弟小黄不会使用防火墙日志,安全运维工程师在对其进行防火墙设备技术培训时专门讲解了防火墙的日志,防火墙的数据中心完整地记录了防火墙设备所产生的行为,并按照某种规范表达出来,在其提供的不同格式的日志数据中,通常包含产生时间、协议类型、源地址、目的地址等信息。请思考防火墙记录的日志数据有哪几种,分别记录了防火墙的哪些行为。

【实验原理】

防火墙管理员可以对防火墙产生的各种日志数据进行查询操作并对日志数据进行分析,以了解防火墙功能的发挥情况及当前的网络环境。

【实验设备】

- 安全设备:防火墙设备 1 台。
- 主机终端:Windows Server 2003 SP1 主机 2 台,Windows 7 主机 1 台。

【实验拓扑】

实验拓扑如图 4-230 所示。

【实验思路】

(1) 配置关键字组。

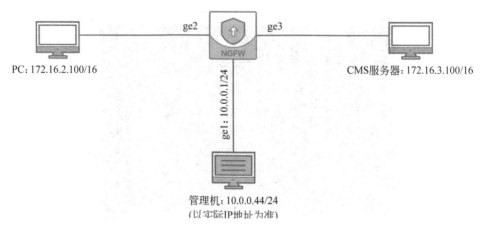

图 4-230　防火墙日志管理实验拓扑

（2）配置防火墙 URL 过滤规则。

（3）配置安全策略并引用 URL 过滤策略。

（4）增加全通策略。

（5）查看并分析日志。

【实验要点】

下一代防火墙管理员可单击"数据中心"→"日志"，查看因防火墙产生流量、受到威胁、过滤 URL、过滤邮件、过滤内容、事件发生等产生的日志数据。

【实验步骤】

（1）～（3）登录并管理防火墙，检查防火墙的工作状态。

（4）单击面板上方导航栏中的"网络设置"，单击左侧菜单栏中的 VLAN，显示当前的 VLAN 配置，单击 VLAN 界面中的"＋添加"按钮，添加 VLAN 配置，如图 4-231 所示。

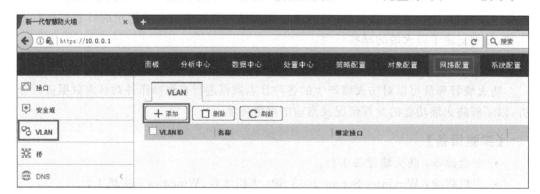

图 4-231　VLAN 界面

（5）在弹出的"添加 VLAN"界面中，在"VLAN ID"中输入 1，其他参数保持默认值即可，单击"确定"按钮，如图 4-232 所示。

（6）单击"确定"按钮后返回 VLAN 界面，显示添加的 VLAN 信息，如图 4-233 所示。

图 4-232 添加 VLAN

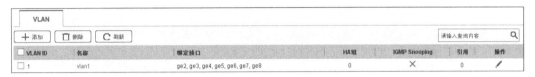

图 4-233 VLAN 列表

（7）单击面板上方导航栏中的"网络配置"→"接口"，单击 ge2 右侧"操作"中的笔形图标，编辑 ge2 接口，如图 4-234 所示。

图 4-234 编辑 ge2 接口

（8）本实验中 ge2 接口模拟连接一台计算机，在"编辑物理接口"界面中，将"工作模式"设置为"交换模式"，将"模式"设置为 Access，将 VLAN 设置为 vlan1，其他保持默认配置，单击"确定"按钮。

（9）单击"确定"按钮后，返回"接口"列表界面，继续单击 ge3 接口旁的笔形标志，编辑 ge3 接口信息。本实验中，ge3 接口用于模拟连接 CMS 服务器，在"编辑物理接口"界面中，"工作模式"选中"交换模式"单选按钮，将"模式"设置为 Access，将 VLAN 设置为vlan1，其他保持默认配置，单击"确定"按钮。

（10）单击面板上方导航栏中的"策略配置"，单击左侧的"安全策略"，在"安全策略"界面中单击"添加"按钮，添加安全策略，如图 4-235 所示。

（11）在"添加安全策略"界面中，在"名称"中输入"日志管理"，将"源安全域"设置为any，ge2 接口在该域中，将"目的安全域"设置为 any，ge3 接口在该域中，单击"确定"按钮，如图 4-236 所示。

（12）单击面板上方导航栏中的"对象配置"，单击左侧的"关键字组"，在"关键字组"界面中，单击"＋添加"按钮，添加关键字组，如图 4-237 所示。

图 4-235 "安全策略"界面

图 4-236 添加安全策略

(13) 在"添加关键字组"界面中,在"名称"中输入"URL 关键字",将"命中数"设置为1,将"匹配条件"设置为"只要有一个关键字命中",单击"＋添加"按钮,添加自定义关键字,如图 4-238 所示。

(14) 在"添加自定义关键字"界面,在"名称"中输入"关键字 1",将"匹配模式"设置为"文本",将"匹配串"设置为"172.16.3.100/news/index.php"。单击"确定"按钮,返回

图 4-237　添加 URL 分类

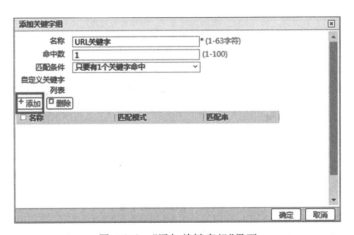

图 4-238　"添加关键字组"界面

"添加关键字组"界面,再单击"确定"按钮,返回"关键字组"界面,单击"提交"按钮,使配置生效,如图 4-239 所示。

(15) 单击面板上方导航栏中的"对象配置",单击左侧的"安全配置文件",选择"URL过滤"。在"URL 过滤"界面中,单击"添加"按钮,在弹出的"添加 URL 过滤"界面中,在"名称"中输入"URL 过滤",将"动作"设置为"日志",选择"关键字组",单击"＋添加"按钮,添加关键字组,如图 4-240 所示。

图 4-239　添加自定义关键字

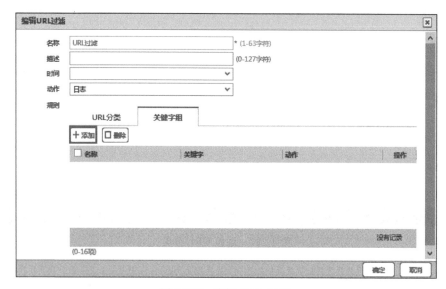

图 4-240　编辑 URL 过滤

（16）在"添加关键字组"界面中，在"名称"中输入"规则"，将"关键字"设置为"URL关键字"，将"动作"设置为"日志"，单击"确定"按钮，如图 4-241 所示。

图 4-241　添加关键字组

（17）返回"添加 URL 过滤"界面，单击"确定"按钮，返回"URL 过滤"界面。单击面板上方导航栏中的"策略配置"，再单击左侧的"安全策略"，在"安全策略"界面中单击名称为"日志管理"的安全策略，如图 4-242 所示。

（18）进入"编辑安全策略"界面，单击"高级"，将"配置文件类型"设置为"安全配置文件"，将"URL 过滤"设置为"URL 过滤"，如图 4-243 所示。

（19）单击"确定"按钮，关闭"编辑安全策略"界面。单击面板上方导航栏中的"对象配置"，单击左侧的"关键字组"，在"关键字组"界面中单击"添加"按钮，添加关键字组，如图 4-244 所示。

图 4-242　安全策略

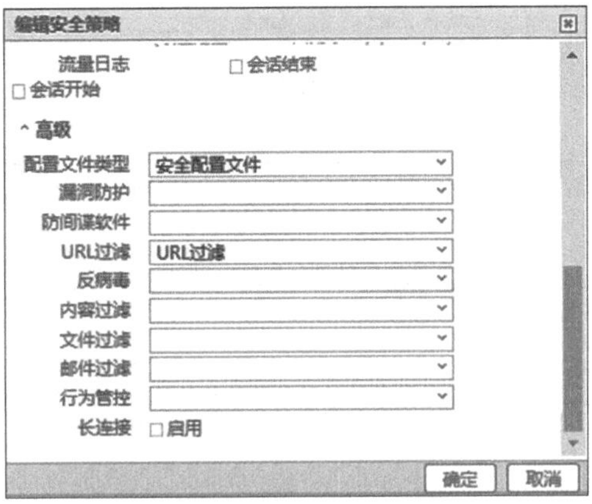

图 4-243　编辑安全策略

（20）在"编辑关键字组"界面中，在"名称"中输入"敏感词"，将"命中数"设置为"1"，将"匹配条件"设置为"只要有 1 个关键字命中"。单击"添加"按钮，添加关键词，如图 4-245 所示。

（21）在"添加自定义关键字"界面中，在"名称"中输入"关键词"，将"匹配模式"设置为"文本"，将"匹配串"设置为"博彩产业入口"，说明要过滤的关键字是"博彩产业入口"，如图 4-246 所示。

（22）单击"确认"按钮添加完成，返回"编辑关键字组"界面，再单击"确定"返回"关键字组"界面。单击"提交"按钮，使设置生效，如图 4-247 所示。

（23）单击面板上方导航栏中的"对象配置"，再单击左侧的"安全配置文件"，选择"内容过滤"，在"内容过滤"界面单击"＋添加"按钮，添加内容过滤，如图 4-248 所示。

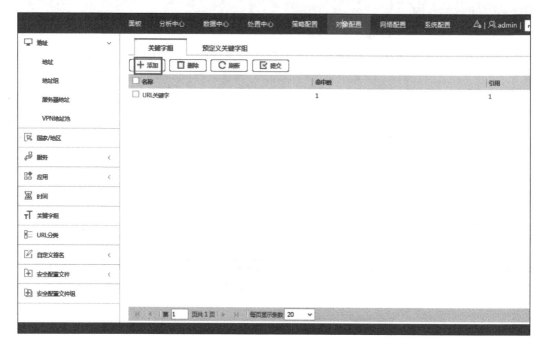

图 4-244　添加关键字组

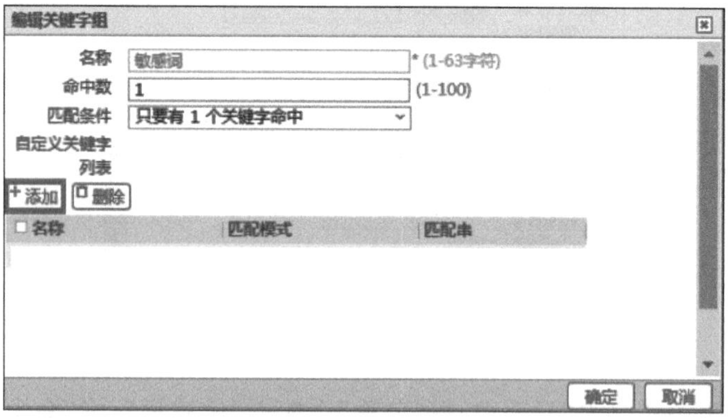

图 4-245　添加关键词

图 4-246　配置关键词

图 4-247　提交关键字组

图 4-248　添加内容过滤

（24）在"编辑内容过滤"界面中，在"名称"中输入"内容过滤"，单击"＋添加"按钮，添加内容过滤规则，如图 4-249 所示。

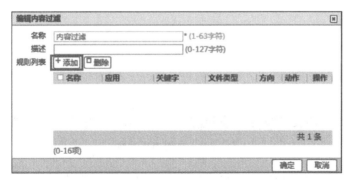

图 4-249　添加内容过滤规则

（25）在"添加规则"界面中，在"名称"中输入"规则一"，将"应用"设置为 HTTP，"关键字"设置为"敏感词"，"文件类型"设置为 html，"动作"设置为"日志"，其他保持默认配置，如图 4-250 所示。

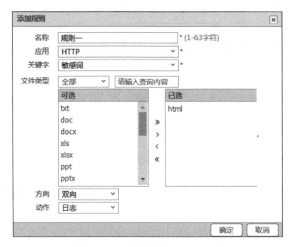

图 4-250　设置内容过滤规则

（26）单击"确定"按钮，返回"编辑内容过滤"界面，再单击"确定"按钮，返回"内容过滤"界面，发现成功添加了一条内容过滤信息，如图 4-251 所示。

图 4-251　查看内容过滤

（27）单击面板上方导航栏中的"策略配置"，再单击左侧的"安全策略"，在"安全策略"界面中单击名称为"日志管理"的安全策略，如图 4-252 所示。

（28）进入"编辑安全策略"界面，"流量日志"勾选"会话开始""会话结束"复选框，单击"高级"，将"配置文件类型"设置为"安全配置文件"，"内容过滤"设置为"内容过滤"，如图 4-253 所示。

图 4-252　打开安全策略

图 4-253　编辑安全策略

（29）单击"确定"按钮，返回"安全策略"界面，完成内容过滤的全部配置。

（30）单击面板上方导航栏中的"对象配置"，单击左侧的"关键字组"，在"关键字组"界面中单击"添加"按钮，添加关键字，如图 4-254 所示。

（31）在"编辑关键字组"界面中，设置"名称"为"关键字组 1"，"命中数"为 1，"匹配条件"为"只要有 1 个关键字命中"，单击"添加"按钮，添加关键字，如图 4-255 所示。

（32）在"添加自定义关键字"界面中，设置"名称"为"关键字"，"匹配模式"为"文本"，"匹配串"为 xiaoming，单击"确定"按钮，返回"编辑关键字组"界面，单击"确定"按钮，返回"关键字组"界面，如图 4-256 所示。

图 4-254　添加关键字

图 4-255　编辑关键字组界面

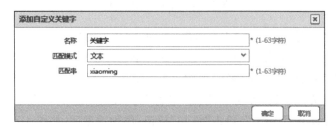

图 4-256　添加自定义关键字之一

（33）在"关键字组"界面中单击"添加"按钮，在"编辑关键字组"界面中，设置"名称"为"关键字组 2"，"命中数"为 1，"匹配条件"为"只要有 1 个关键字命中"，单击"添加"按钮，添加关键字，如图 4-257 所示。

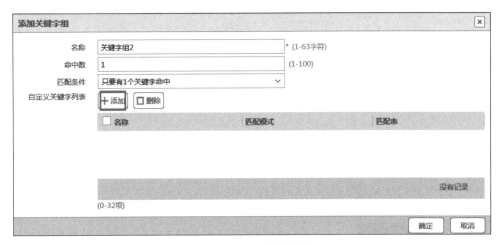

图 4-257　编辑关键字组

（34）在"添加自定义关键字"界面中，设置"名称"为"关键字"，"匹配模式"为"文本"，"匹配串"为 xiaofang，单击"确定"按钮，返回"编辑关键字组"界面，单击"确定"按钮，返回"关键字组"界面，单击"提交"按钮，如图 4-258 所示。

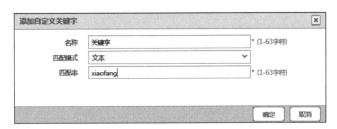

图 4-258　添加自定义关键字之二

（35）单击面板上方导航栏中的"对象配置"，单击左侧的"安全配置文件"，选择"邮件过滤"。在"邮件过滤"界面中，单击"添加"按钮，添加邮件过滤规则，如图 4-259 所示。

（36）在"编辑邮件过滤"界面中，设置"名称"为"邮件过滤"，"默认动作"为"日志"，单击"＋添加"按钮，添加邮件过滤策略，如图 4-260 所示。

（37）在"编辑策略列表"界面中，在"名称"中输入"邮件过滤 1"，"发件人关键字"为"关键字组 2"，"收件人关键字"为"关键字组 1"，"操作方式"为"接收"，"默认动作"为"日志"，单击"确定"按钮，返回"编辑邮件过滤"界面，单击"确定"按钮，如图 4-261 所示。

（38）单击面板上方导航栏中的"策略配置"，再单击左侧的"安全策略"，在"安全策略"界面中单击名称为"日志管理"的安全策略，如图 4-262 所示。

（39）在"编辑安全策略"界面中，设置"配置文件类型"为"安全配置文件"，"邮件过滤"为"邮件过滤"，单击"确定"按钮，如图 4-263 所示。

图 4-259 添加邮件过滤规则

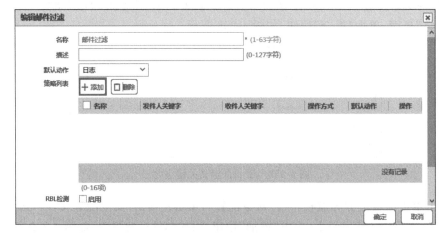

图 4-260 编辑邮件过滤界面

图 4-261 编辑策略列表

图 4-262　"安全策略"界面

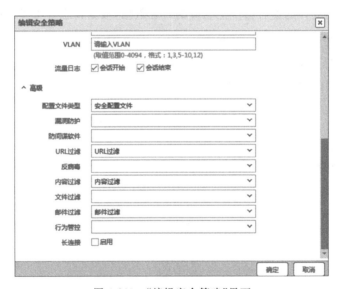

图 4-263　"编辑安全策略"界面

（40）返回"安全策略"界面，单击"＋添加"按钮，添加安全策略。在"编辑安全策略"界面中，在"名称"中输入"全通策略"，如图 4-264 所示。

（41）单击"确定"按钮，配置完成。

【实验预期】

（1）防火墙在 URL 过滤后会产生相应的日志数据，根据日志分析详细信息。

（2）防火墙在内容过滤后会产生相应的日志数据，根据日志分析详细信息。

（3）防火墙在邮件过滤后会产生相应的日志数据，根据日志分析详细信息。

图 4-264 编辑安全策略

（4）对防火墙进行配置后会产生相应的日志数据，根据日志分析详细信息。

【实验结果】

1）产生 URL 记录

（1）单击左侧的虚拟机，进入 PC，如图 4-265 所示。

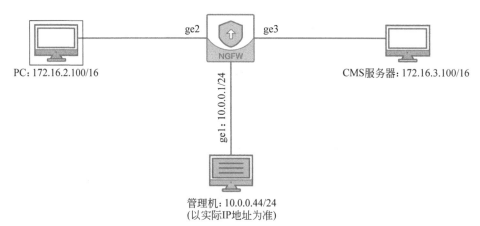

图 4-265 进入左侧虚拟机

（2）在虚拟机 PC 中，打开 IE 浏览器，在地址栏中输入"172.16.3.100"，按 Enter 键，单击"新闻资讯"栏目，发现 URL 变为"172.16.3.100/news/"，它的全名为"172.16.3.100/news/index.php"，如图 4-266 所示。

（3）在管理机打开浏览器，在地址栏中输入防火墙产品的 IP 地址"https：//10.0.0.1"（以实际设备 IP 地址为准），进入防火墙的登录界面。输入管理员用户名 admin 和密码"!1fw@2soc♯3vpn"登录防火墙。登录界面如图 4-267 所示。

图 4-266　成功访问目标网页

图 4-267　防火墙登录界面

（4）为提高防火墙系统的安全性，如果用户用默认密码登录防火墙，防火墙会提示用户修改初始密码，本实验是在这里单击"取消"按钮，如图 4-268 所示。

（5）单击面板上方的"数据中心"，单击左侧的"URL 过滤日志"，在"URL 过滤日志"界面中看到访问目标网页的记录。单击图中标记记录的左侧灰色眼形图标，如图 4-269 所示。

（6）在弹出的"详细信息"界面，可见访问此 URL 的详细信息：源 IP 为"172.16.2.100"，目的 IP 为"172.16.3.100"，URL 为"172.16.3.100/news/"，如图 4-270 所示。

（7）单击"关闭"按钮，单击图中标记记录的左侧红色眼形图标，如图 4-271 所示。

图 4-268　初始密码修改

图 4-269　访问目标网页的记录

图 4-270　"详细信息"界面

图 4-271　访问目标网页的记录

（8）在"处置详情"界面中,可见详细的防火墙处理策略:"处置方式"选中"立即处置"单选按钮,"处置动作"设置为"日志",单击"取消"按钮,如图 4-272 所示。

图 4-272　"处置详情"界面

2）产生内容记录

（1）单击左侧的虚拟机,进入 PC,打开实验虚拟机中的火狐浏览器,在地址栏中输入"172.16.3.100",进入网站,单击"博彩中心"栏目,如图 4-273 所示。

（2）成功访问存在关键词"博彩产业入口"的网页,如图 4-274 所示。

（3）在管理机打开浏览器,在地址栏中输入防火墙产品的 IP 地址"https://10.0.0.1"（以实际设备 IP 地址为准）,进入防火墙的登录界面。输入管理员用户名 admin 和密码

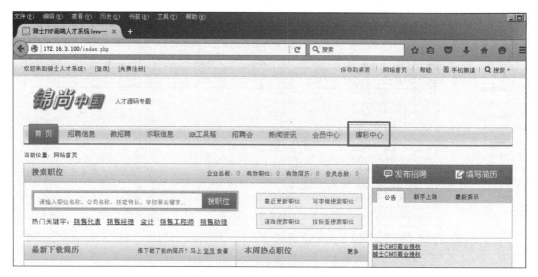

图 4-273　进入"博彩中心"栏目

图 4-274　成功访问目标网页之二

"!1fw@2soc#3vpn"登录防火墙。单击面板上方的"数据中心",单击左侧的"内容日志",在"内容日志"界面中看到访问目标网页的记录,单击红框所示,记录左侧的灰色眼形图标,如图 4-275 所示。

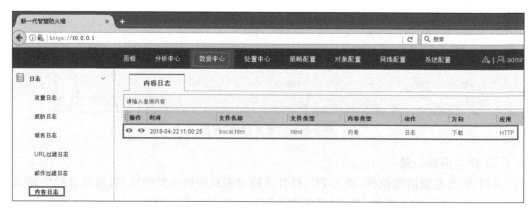

图 4-275　访问目标网页的记录

（4）在"详细信息"界面中,可见访问此网页的详细内容:"关键字"为"博彩产业入口","源 IP"为"172.16.2.100","目的 IP"为"172.16.3.100",如图 4-276 所示。

详细信息

常规信息:

时间:	2018-04-22 11:00:25	持续时间:	0秒
内容类型:	内容	关键字:	{博彩产业入口:1}
文件名称:	bocai.htm	文件类型:	html
方向:	下载	协议:	TCP
应用:	HTTP	动作:	日志
策略名称:	日志管理	虚系统名称:	root-vsys
会话ID:	1965811	重点关注:	NO
应用分类:	网络协议	应用风险:	1
源:		**目的:**	
源IP:	172.16.2.100	目的IP:	172.16.3.100
源端口:	1105	目的端口:	80
源安全域:		目的安全域:	
源用户:		目的用户:	
源国家/地区:	内网	目的国家/地区:	内网

跳至换糊搜索　　关闭

图 4-276　"详细信息"界面之二

（5）单击"关闭"按钮,在"内容日志"界面中,单击红框所示,记录左侧的红色眼形图标,如图 4-277 所示。

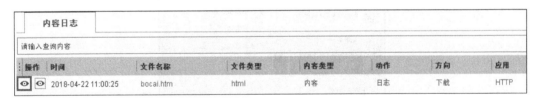

:操作	时间	文件名称	文件类型	内容类型	动作	方向	应用
◉ ◉	2018-04-22 11:00:25	bocai.htm	html	内容	日志	下载	HTTP

内容日志

请输入查询内容

图 4-277　访问目标网站的记录之二

（6）在"处置详情"界面中,可见防火墙详细的处理策略:"处置方式"选中"立即处置"单选按钮,"处置动作"设置为"日志",单击"取消"按钮,如图 4-278 所示。

3）产生邮箱记录

（1）单击左侧的虚拟机,进入 PC,单击任务栏"开始"→"Outlook Express"打开邮箱界面,如图 4-279 所示。

（2）在 Outlook 程序界面中,单击"工具"→"发送和接收"→xiaofang,如图 4-280所示。

（3）如果出现登录界面,"用户名"输入"xiaofang@fhq.com","密码"输入"secu@1@#＄％",单击"确定"按钮,如图 4-281 所示。

（4）在邮箱界面单击"创建邮件",如图 4-282 所示。

图 4-278　"处置详情"界面之二

图 4-279　运行 Outlook 程序

（5）在邮件界面中，设置"收件人"为"xiaoming@fhq.com"，"主题"为"邀请函"，内容为"过几天咱们几个老同学聚聚？"，单击"发送"按钮，如图 4-283 所示。

（6）单击"本地文件夹"→"已发送邮件"，看到邮件已经发送出去，如图 4-284 所示。

（7）单击"工具"→"发送和接收"→"xiaoming"，如图 4-285 所示。

（8）如果出现登录界面，"用户名"输入"xiaoming@fhq.com"，"密码"输入"test@1@#＄％"，单击"确定"按钮，如图 4-286 所示。

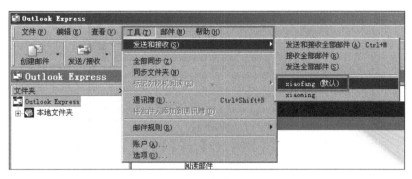

图 4-280　邮箱界面

图 4-281　登录界面

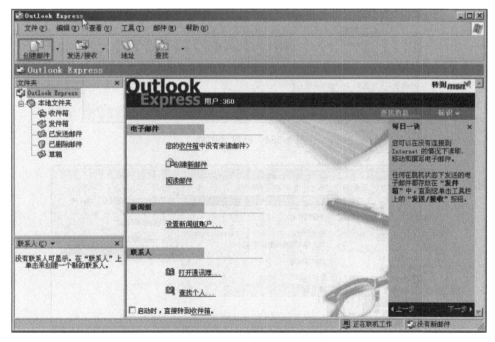

图 4-282　创建邮件

图 4-283　设置邮件内容

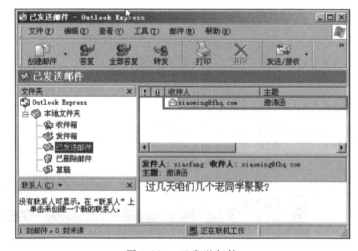

图 4-284　已发送邮件

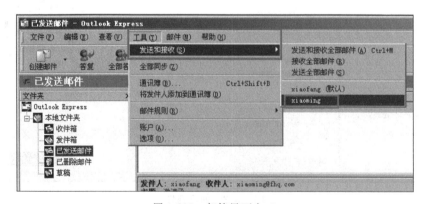

图 4-285　邮箱界面之二

图 4-286 登录界面之二

（9）在"收件箱"中可见收到的邮件，如未收到，单击"工具"→"发送和接收"→"发送和接收全部邮件"，如图 4-287 所示。

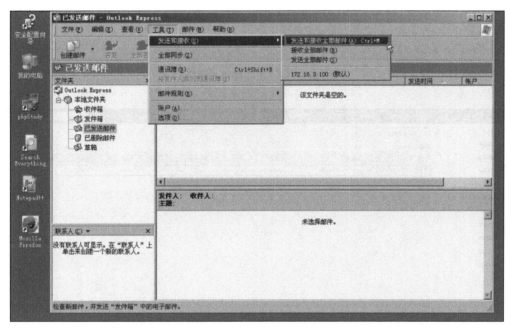

图 4-287 发送和接收全部邮件

（10）单击左侧的"收件箱"，发现收到了一封邮件，如图 4-288 所示。

（11）在管理机打开浏览器，在地址栏中输入防火墙产品的 IP 地址"https：//10.0.0.1"。（以实际设备 IP 地址为准），进入防火墙的登录界面。输入管理员用户名 admin 和密码"！1fw@2soc♯3vpn"登录防火墙。单击面板上方的"数据中心"，单击左侧的"邮件过滤日志"，在"邮件过滤日志"界面中看到邮件记录，单击红框所示，记录左侧的灰色眼形图标，如图 4-289 所示。

（12）在"详细信息"界面中，可见发送邮件的详情："发件人"为"xiaofang@fhq.com"，"收件人"为"xiaoming@fhq.com"。单击"关闭"按钮，如图 4-290 所示。

4）产生防火墙配置的记录

（1）在管理机打开浏览器，在地址栏中输入防火墙产品的 IP 地址"https：//10.0.0.1"

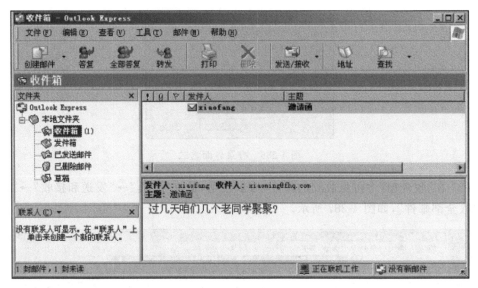

图 4-288　成功接收邮件

图 4-289　传输邮件的记录

（以实际设备 IP 地址为准），进入防火墙的登录界面。输入管理员用户名 admin 和密码 "!1fw@2soc♯3vpn"并登录防火墙。单击面板上方的"数据中心"，单击左侧的"配置日志"，在"配置日志"界面中看到之前所有配置防火墙的记录。任意单击"管理员"的一个属性、"登录方式"的一个属性、"登录 IP"的一个属性和"模块"的一个属性，即可在搜索框中产生相应得搜索条件，如图 4-291 所示。

　　（2）在搜索框中，可以修改具体的搜索值，本实验要搜索"管理员"为 admin、"登录

图 4-290 "详细信息"界面

图 4-291 配置防火墙的日志

方式"为 web、"登录 IP"为"10.0.0.44"、"模块"为 content 的记录,则搜索条件修改为
"(user. src eq 'admin') and (from eq 'web') and (addr. src eq '10.0.0.44') and (module
eq 'content')",单击搜索栏右侧的搜索图标,如图 4-292 所示。

(3)半分钟后,在"配置日志"界面中,可见符合结果的记录,如图 4-293 所示。

图 4-292　"配置日志"界面

图 4-293　搜索结果

【实验思考】

（1）如何设置能使防火墙记录下 PC2 发往虚拟机的邮件日志？

（2）怎样设置可以使 URL 过滤全天生效？

第 5 章

防火墙复杂场景实践

通过前四章的实验掌握防火墙的配置、管理和应用,本章为防火墙综合实验,将综合上述技能完成防火墙的配置、管理与应用,对上述所掌握的技能进行检验。

【实验目的】

综合运用所学防火墙相关知识,完成防火墙设备部署、配置时的常用操作,例如网关双出口配置、静态路由策略、源 NAT 策略、OSPF 路由、关键字配置及应用、黑白名单、攻击防护等相关配置,实现内网用户通过防火墙访问外网 Web 服务器、带宽控制、访问控制、攻击防护等安全功能。

【知识点】

路由、源 NAT、OSPF、关键字、黑名单、白名单、端口、扫描、网关、安全域、安全策略。

【场景描述】

A 公司因业务增加,于某地设立研发分部,指派安全运维工程师为研发分部的信息系统部署防火墙,研发分部申请了两个外网接口,通过对防火墙的黑白名单、外网接口路由 OSPF 配置、安全防护策略等进行配置,实现防火墙达到日常基本运行状态,保证内部主机正常访问外部网站、实现基本安全防护和带宽控制等功能。请帮助安全运维工程师配置防火墙。

【实验原理】

在防火墙课程设计中,需要综合运用防火墙的策略配置、对象配置、网络配置等功能项,实现对防火墙内部信息系统的安全防护,并通过黑白名单、防护策略等规则策略的综合运用,实现信息系统内部的访问控制、带宽控制等功能。

【实验设备】

- 安全设备:防火墙设备 1 台。
- 网络设备:路由器 2 台,二层交换机 1 台。
- 主机终端:Windows Server 2003 SP2 主机 3 台,Windows XP 主机 1 台,Windows 7 主机 2 台。

【实验拓扑】

实验拓扑如图 5-1 所示。

【实验思路】

(1) 配置防火墙接口和安全域。

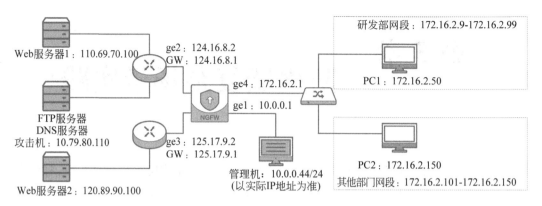

图 5-1　防火墙复杂场景实验拓扑

（2）配置对象管理。

（3）配置基本安全策略。

（4）配置源 NAT 转换。

（5）配置静态路由。

（6）配置 OSPF。

（7）配置关键字组。

（8）配置安全配置文件。

（9）在基本安全策略中引用安全防护策略。

（10）内网主机可访问外网 Web 服务器，并可按照配置的关键字、安全防护策略等设置实现内网主机的行为控制、安全防护等功能。

（11）配置地址黑白名单，实现对指定 IP 地址的阻断访问。

（12）配置攻击防护策略，使得外网主机扫描防火墙外网 IP 地址时提供安全防护和警告。

（13）对内网主机进行 IP-MAC 绑定，设置未绑定策略，提高内网安全性。

【实验步骤】

（1）～（3）登录并管理防火墙，检查防火墙的工作状态，如图 5-2 所示。

（4）配置网络接口。单击面板上方导航栏中的"网络配置"→"接口"，显示当前接口列表，单击 ge2 一行右侧"操作"列中的笔形标志，编辑 ge2 接口设置，如图 5-3 所示。

（5）在弹出的"编辑物理接口"界面中，ge2 是模拟连接 Internet 的两个接口之一，因此"安全域"设置为 untrust，"工作模式"选中"路由模式"单选按钮，在"本地地址列表"中的 IPv4 标签栏中，单击"＋添加"按钮。

（6）在弹出的"添加 IPv4 本地地址"界面中，在"本地地址"中输入 ge2 对应的 IP 地址"124.16.8.2"，"子网掩码"输入"255.255.255.0"，"类型"为 float，如图 5-4 所示。

（7）单击"确定"按钮，返回"编辑物理接口"界面，确认 ge2 接口信息是否无误。

（8）单击"确定"按钮，返回"接口"列表中，继续单击 ge3 一行右侧"操作"列的笔形标志，编辑 ge3 接口信息。ge3 接口也是模拟连接外网的两个接口之一，因此"安全域"设置

图 5-2　防火墙面板界面

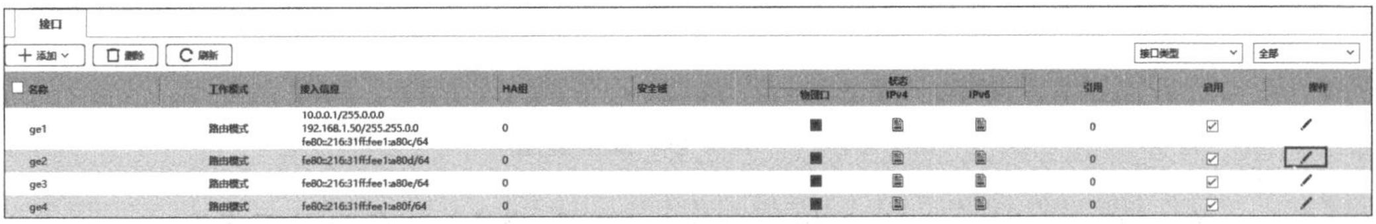

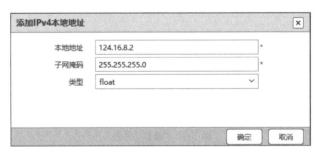

图 5-3　编辑 ge2 接口

添加IPv4本地地址

本地地址　124.16.8.2　*

子网掩码　255.255.255.0　*

类型　float

确定　取消

图 5-4　输入 ge2 对应 IP 地址

为 untrust,"工作模式"选中"路由模式"单选按钮,在"本地地址列表"一栏中,单击 IPv4一栏中的"＋添加"按钮。

（9）在弹出的"添加 IPv4 本地地址"界面中,"本地地址"输入 ge3 对应的 IP 地址"125.17.9.2","子网掩码"输入"255.255.255.0",如图 5-5 所示。

（10）单击"确定"按钮,返回"编辑物理接口"界面,确认 ge3 接口信息是否无误。

（11）单击"确定"按钮,返回"接口"界面,继续单击 ge4 一行右侧"操作"列中的笔形标志,编辑 ge4 接口信息。ge4 模拟研发部内部网络接口,因此"安全域"设置为 trust,"工作模式"选中"路由模式"单选按钮,在"本地地址列表"一栏中,单击 IPv4 栏中的"＋添加"按钮。

（12）在弹出的"添加 IPv4 本地地址"界面中,"本地地址"输入 ge4 对应的内部网络 IP

图 5-5　编辑 ge3 接口信息

地址"172.16.2.1","子网掩码"为"255.255.255.0","类型"设置为 float,如图 5-6 所示。

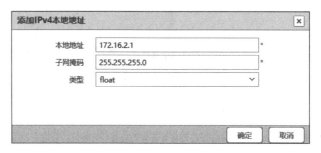

图 5-6　编辑 ge4 接口信息

(13) 单击"确定"按钮,返回"编辑物理接口"界面,确认 ge4 信息是否无误。

(14) 单击"确定"按钮,返回"接口"列表界面,可查看 ge2、ge3 和 ge4 接口信息,如图 5-7 所示。

图 5-7　"接口"列表

(15) 网络接口设置完成后,进行对象配置。单击上方导航栏中的"对象配置"→"地址"→"地址",显示当前的地址对象列表,如图 5-8 所示。

(16) 在本实验中,研发部网段为"172.16.2.9 至 172.16.2.99",其他部门网段为"172.16.2.101 至 172.16.2.150",因此在地址对象中分别添加两个网段的信息内容。单击"＋添加"按钮,在弹出的"添加地址"界面中,"名称"输入"研发部地址段","IP 地址"输入研发部地址段范围,如图 5-9 所示。

(17) 单击"确定"按钮,返回"地址"列表,再次单击"＋添加"按钮,添加其他部门地址段,如图 5-10 所示。

(18) 单击"确定"按钮,返回"地址"列表界面,显示添加好的两个内网地址对象,如图 5-11 所示。

图 5-8　"地址"标签页

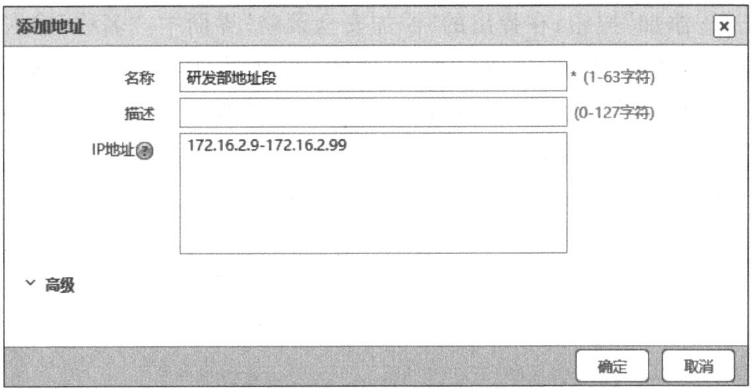

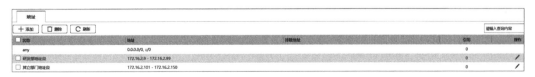

图 5-9　添加研发部地址段对象

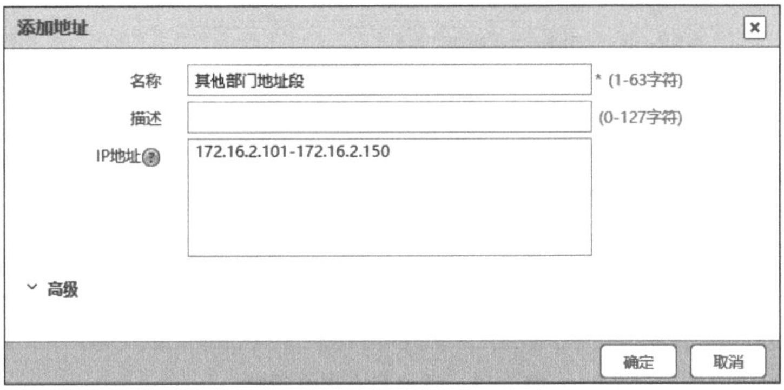

图 5-10　添加其他部门地址段

图 5-11　地址对象列表

（19）配置地址对象后,配置基础安全策略。单击上方导航栏中的"策略配置"→"安全策略",显示当前的安全策略列表,如图5-12所示。

图5-12　"安全策略"标签页

（20）单击"＋添加"按钮,在弹出的"添加安全策略"界面中,"名称"输入"内网访问外网","动作"选中"允许"单选按钮,"源安全域"设置为trust,"目的安全域"设置为untrust,"源地址/地区"设置为"研发部地址段"和"其他部门地址段","目的地址/地区""服务""应用"均设置为any,如图5-13所示。

图5-13　添加基本安全策略

（21）单击"确定"按钮,返回"安全策略"列表,可查看添加的安全策略,如图5-14所示。

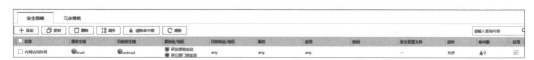

图5-14　安全策略列表

（22）配置源 NAT 策略。单击上方导航栏中的"策略配置"→"NAT 策略"→"源NAT"，显示当前的源 NAT 策略列表，如图 5-15 所示。

图 5-15　"源 NAT"标签页

（23）单击"＋添加"按钮，在弹出的"添加源 NAT"界面中，"名称"输入"内网地址转换"，在"转换前匹配"一栏中，"源地址类型"选中"地址对象"单选按钮，"源地址"设置为"研发部地址段"和"其他部门地址段"两个对象，"目的地址类型"选中"地址对象"单选按钮，"目的地址""服务""出接口"均设置为 any；在"转换后匹配"一栏中，"地址模式"选中"动态地址"单选按钮，"类型"设置为 BY_ROUTE，如图 5-16 和图 5-17 所示。

图 5-16　配置源 NAT 策略

图 5-17　配置源 NAT 策略（转换后）

（24）确认无误后，单击"确定"按钮，返回源 NAT 策略列表，可查看添加的源 NAT策略，如图 5-18 所示。

图 5-18　源 NAT 策略列表

（25）配置静态路由,需要分别将防火墙 ge2 和 ge3 口连接路由信息填写进去,实现快捷的地址访问。单击"网络配置"→"路由"→"静态路由",显示当前的静态路由列表,如图 5-19 所示。

图 5-19 "静态路由"标签页

（26）单击"＋添加"按钮,在弹出的"添加静态路由"界面中,在"目的地址/掩码"中输入"110.69.70.0/24","类型"选中"网关"单选按钮,"网关"中输入 ge2 口外接的路由器 IP 地址"124.16.8.1",如图 5-20 所示。

图 5-20 添加静态路由

（27）确认无误后,单击"确定"按钮,返回静态路由列表,继续单击"＋添加"按钮,将其他路由信息输入其中,如图 5-21 和图 5-22 所示。

图 5-21 添加静态路由信息

图 5-22 添加静态路由信息之二

（28）添加静态路由完成后，在"静态路由"列表中，可查看添加的静态路由信息，如图 5-23 所示。

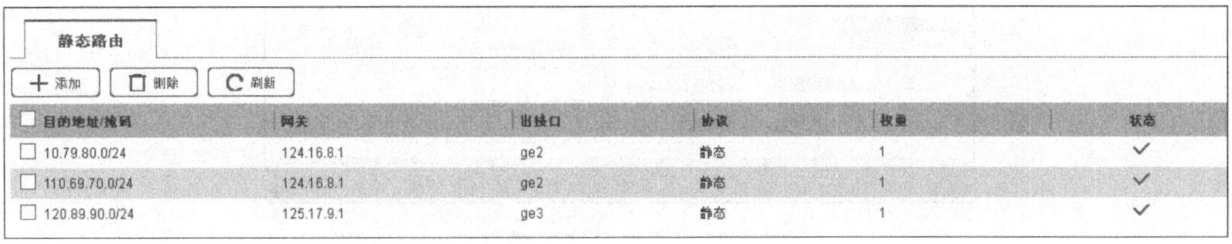

目的地址/掩码	网关	出接口	协议	权重	状态
□ 10.79.80.0/24	124.16.8.1	ge2	静态	1	✓
□ 110.69.70.0/24	124.16.8.1	ge2	静态	1	✓
□ 120.89.90.0/24	125.17.9.1	ge3	静态	1	✓

图 5-23　静态路由列表

（29）配置 OSPF，获取连接路由器的信息。单击防火墙上方导航栏中的"网络配置"→"路由"→"OSPF"，显示当前的基本配置信息，勾选"启用 OSPF"复选框，在"Router ID"中输入防火墙的 Router ID，本实验中使用"172.16.2.0"，并单击"确定"按钮，如图 5-24 所示。

图 5-24　启用 OSPF

（30）单击"网络配置"标签页，显示当前的网络配置列表，如图 5-25 所示。

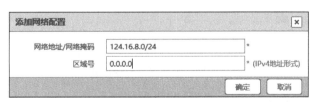

图 5-25　"网络配置"标签页

（31）单击"＋添加"按钮，在弹出的"添加网络配置"界面中，在"网络地址/网络掩码"中输入 ge2 对应的 IP 地址段"124.16.8.0/24"，"区域号"输入"0.0.0.0"，如图 5-26 所示。

图 5-26　添加网络配置

（32）确认信息无误后，单击"确定"按钮，返回"网络配置"列表界面，继续单击"＋添加"按钮，将 ge3 对应的 IP 地址段"125.17.9.0"加入网络配置中，如图 5-27 所示。

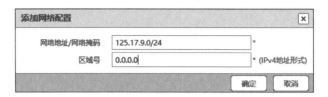

图 5-27　添加网络配置之二

（33）添加 ge2 和 ge3 对应网络信息后，可在"网络配置"列表中查看相关信息，如图 5-28 所示。

图 5-28　网络配置列表

（34）继续单击"接口配置"，显示当前的接口配置信息列表，如图 5-29 所示。

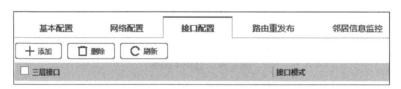

图 5-29　"接口配置"标签页

（35）单击"＋添加"按钮，在弹出的"添加接口配置"界面中，"三层接口"设置为 ge2，"接口模式"设置为"普通"，"Cost 值"和"DR 选举优先级"保留默认的 10 和 1，如图 5-30 所示。

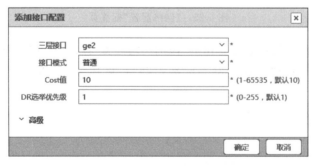

图 5-30　添加接口配置信息

（36）单击"确定"按钮，返回"接口配置"列表界面，继续单击"＋添加"按钮，将 ge3 添加到接口配置中，如图 5-31 所示。

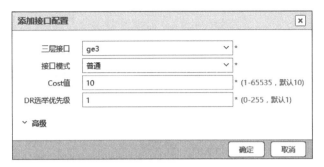

图 5-31　添加接口配置信息之二

（37）添加好的接口配置信息，可在"接口配置"列表界面中显示，如图 5-32 所示。

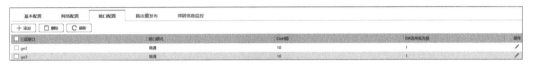

图 5-32　接口配置信息列表

（38）配置好相关信息后，单击"邻居信息监控"标签页，可查看获取 ge2 和 ge3 接口连接路由的 OSPF 信息，如图 5-33 所示。

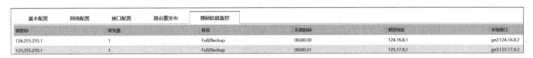

图 5-33　获得的 OSPF 邻居信息

（39）至此，防火墙完成基本上网配置。

【实验预期】

（1）内网主机可正常浏览外网 Web 服务器。

（2）配置关键字组后，通过配置安全配置文件，实现对内网访问的网站特定内容的过滤，以及阻断指定类型文件下载。

（3）配置攻击防护策略，实现对外网攻击的防御。

（4）配置 IP-MAC 绑定策略，对内网主机进行扫描，获取 MAC 地址并进行绑定。

【实验结果】

1）内网主机访问外网 Web 服务器

（1）登录实验平台中对应实验拓扑右侧上方的 Windows XP 虚拟机，如图 5-34 所示。

（2）双击桌面的火狐浏览器快捷图标，运行火狐浏览器，如图 5-35 所示。

（3）在地址栏中输入 74CMS Web 服务器的 IP 地址"110.69.70.100"，可正常显示网页内容。如图 5-36 所示。

（4）在火狐浏览器地址栏中输入 Eshop Web 服务器的 IP 地址"120.89.90.100"，可

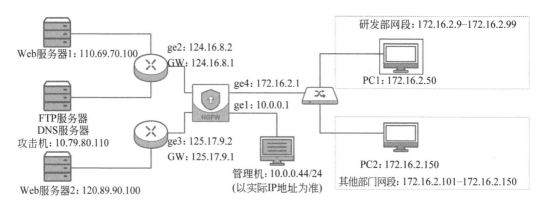

图 5-34　登录虚拟机(之一)

图 5-35　运行火狐浏览器

图 5-36　访问 Web 服务器之一

正常显示网页内容,如图 5-37 所示。

图 5-37 访问 Web 服务器之二

(5)登录实验拓扑右侧下方的 Windows XP 虚拟机,如图 5-38 所示。

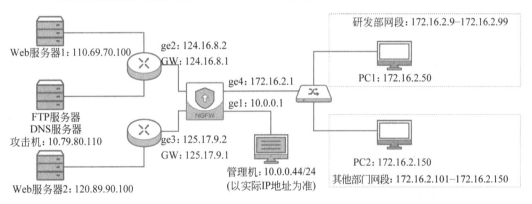

图 5-38 登录虚拟机之二

(6)在虚拟机桌面,双击桌面的火狐浏览器快捷图标,运行火狐浏览器,如图 5-39 所示。

图 5-39 运行火狐浏览器之二

（7）在火狐浏览中输入 74CMS 和 Eshop Web 服务器的对应 IP 地址，可正常浏览网页，如图 5-40 和图 5-41 所示。

图 5-40　浏览 Web 网站之一

图 5-41　浏览 Web 网站之二

（8）综上所述，内网主机的研发部地址段和其他部门地址段内的主机均可正常访问 ge2 和 ge3 两个接口外连的外网 Web 服务器网站，满足预期要求。

2）配置关键字组和安全配置文件，引用安全策略实现对特定文件、网页的安全防护

（1）返回防火墙 Web UI 界面，开始设置关键字组，在本实验中，以防止下载 zip 类型文件和浏览网站页面中包含特定关键字为例，设置防火墙的相关规则。已预先在防火墙 ge2 接口连接的路由器中配置 FTP 服务器，其 IP 地址为"10.79.80.110"，后续下载步骤涉及下载时以此 FTP 服务器为例。单击"对象配置"→"关键字组"，显示当前的关键字组

列表,如图 5-42 所示。

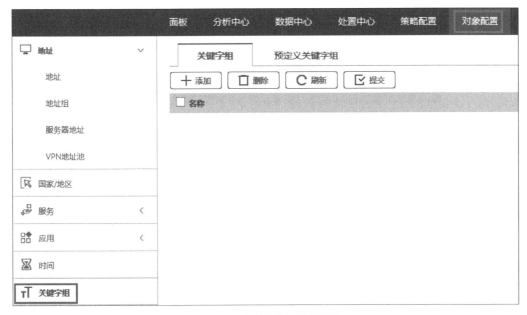

图 5-42　"关键字组"标签页

(2) 单击"＋添加"按钮,在弹出的"添加关键字组"界面中,在"名称"中输入"网页敏感字","命中数"保留默认的数字 1,表明关键字组内关键字生效所需要命中的命中数,数字为"1"表明只要命中一次就生效。"匹配条件"设置为"只要有 1 个关键字命中",表明只要在"自定义关键字列表"中的多个关键字中命中一个,该规则就生效,如图 5-43 所示。

图 5-43　添加关键字组

(3) 单击"＋添加"按钮,在弹出的"添加自定义关键字"界面中,在"名称"中输入"美肤","匹配模式"设置为"文本","匹配串"输入"美肤",如图 5-44 所示。

(4) 确认信息无误后,单击"确定"按钮,返回"添加关键字组"界面,检查相关规则无

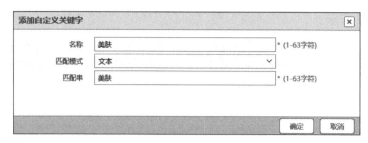

图 5-44　添加自定义关键字

误后,单击"确定"按钮,如图 5-45 所示。

图 5-45　查看网站敏感字策略

(5) 单击"确定"按钮后,返回"关键字组"列表,可查看添加的"网站敏感字"对象信息,如图 5-46 所示。

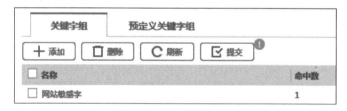

图 5-46　关键字组列表

(6) 单击"关键字组"界面上方带感叹号的"提交"按钮,将添加的关键字组提交防火墙生效,单击"提交"按钮后,会返回"执行成功"的提示信息,如图 5-47、图 5-48 和图 5-49 所示。

图 5-47　单击"提交"按钮

图 5-48　提示是否提交

图 5-49　提交成功提示

（7）设置自定义关键字完成后，配置安全配置文件，用于后续策略配置时引用。单击"对象配置"→"安全配置文件"。根据前述定义，分别在"内容过滤"和"文件过滤"中设置对象。

（8）单击"内容过滤"，显示当前的文件过滤对象列表，如图 5-50 所示。

图 5-50　内容过滤对象列表

（9）单击"＋添加"按钮，在弹出的"添加内容过滤"界面中，在"名称"中输入"网站"，如图 5-51 所示。

（10）单击"＋添加"按钮，在弹出的"添加规则"界面中，在"名称"中输入"美容"，"应

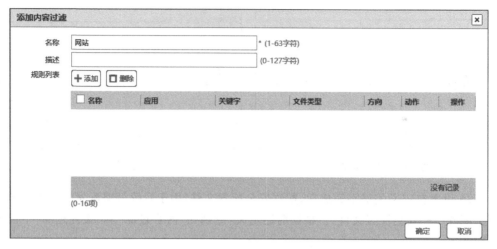

图 5-51　添加内容过滤对象

用"设置为"全部","关键字"设置为之前添加的"网站敏感字",在"文件类型"中单击"》",将左侧"可选"列表中类型全部选中至右侧"已选"列表,"方向"设置为"双向","动作"设置为"阻断",如图 5-52 所示。

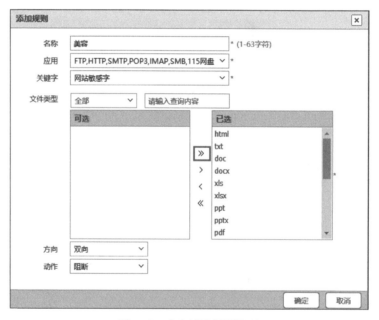

图 5-52　内容过滤规则管理

（11）单击"确定"按钮,返回"添加内容过滤"界面,如图 5-53 所示。

（12）单击"添加"按钮,返回"内容过滤"列表界面,可查看添加的"网站"对象信息,如图 5-54 所示。

（13）继续配置文件过滤规则。单击"文件过滤",显示当前文件过滤对象列表,如图 5-55 所示。

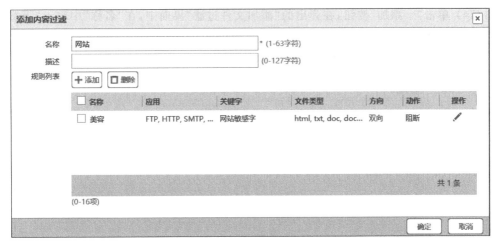

图 5-53 内容过滤规则

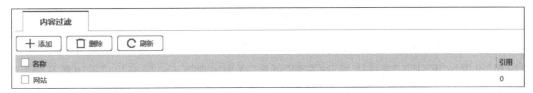

图 5-54 内容过滤规则列表

图 5-55 文件过滤对象列表

（14）单击"＋添加"按钮，在弹出的"添加文件过滤"界面中，在"名称"中输入"下载控制"，如图 5-56 所示。

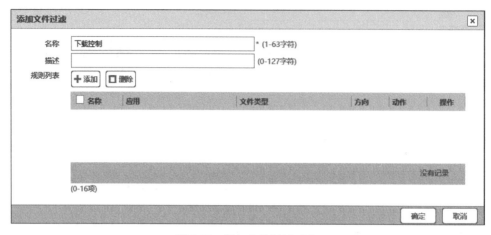

图 5-56　添加文件过滤对象

（15）单击"＋添加"按钮，在弹出的"添加规则"界面中，在"名称"中输入"压缩文件"，"应用"设置为"FTP"，"文件类型"在左侧"可选"列表中选择 zip，单击"＞"添加到右侧"已选"中，"方向"设置为"双向"，"动作"设置为"阻断"，如图 5-57 所示。

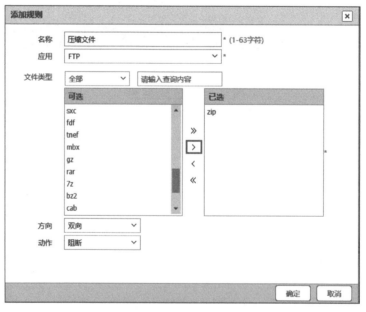

图 5-57　配置文件过滤类型

（16）单击"确定"按钮，返回"添加文件过滤"界面，可查看添加的"压缩文件"规则，如图 5-58 所示。

（17）单击"确定"按钮，返回"文件过滤"对象列表，查看添加的"下载控制"对象信息，如图 5-59 所示。

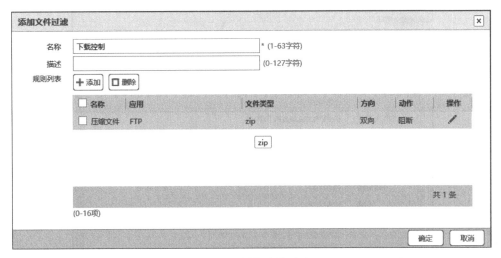

图 5-58　添加文件过滤

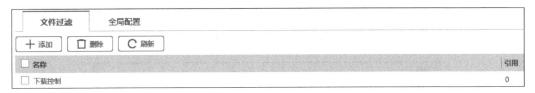

图 5-59　文件过滤对象

（18）配置好文件过滤和内容过滤后，需要在前述实验步骤的基本安全策略中引用。单击"策略配置"→"安全策略"，显示之前添加的"内网访问外网"的基本安全策略，如图 5-60 所示。

图 5-60　安全策略列表

（19）单击"内网访问外网"策略名，在弹出的"编辑安全策略"界面中，单击下方的"高级"按钮，展开高级选项，如图 5-61 和图 5-62 所示。

（20）在"高级"一栏中，"配置文件类型"设置为"安全配置文件"，此时会展开一系列的安全防护配置供选择，"内容过滤"设置为"网站"，"文件过滤"设置为"下载控制"，如图 5-63 所示。

（21）单击"确定"按钮，返回"安全策略"列表界面，此时注意在该规则一行右侧的"安全配置文件"一列中，会显示两个图标，表明引用的相关的安全配置文件，如图 5-64 所示。

图 5-61　编辑基本安全策略

图 5-62　显示高级选项

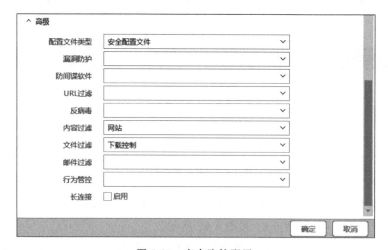

图 5-63　安全防护配置

图 5-64　引用安全配置文件

（22）返回实验平台对应实验拓扑，单击右侧上方或下方的任意一个虚拟机（PC1 或 PC2），如图 5-65 所示。

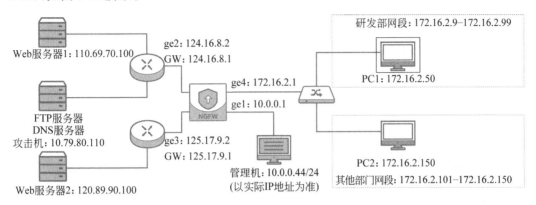

图 5-65　登录 Windows XP 虚拟机

（23）在虚拟机中运行火狐浏览器，在地址栏中输入之前访问的"120.89.90.100"的 IP 地址，访问该 Web 服务器，可发现该网站页面无法正常显示，如图 5-66 所示。

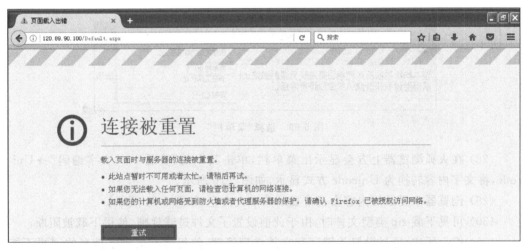

图 5-66　访问 Web 服务器

（24）由于该网站页面包含之前设置的"美肤"关键字信息，按照设置的"阻断"规则，网站页面被防火墙拦截，因此在内网虚拟机中无法显示页面内容。

（25）在虚拟机火狐浏览器的地址栏中，输入 FTP 服务器的 IP 地址"10.79.80. 110"，格式为"ftp：//10.79.80.110"，显示当前 FTP 服务器中的文件列表，如图 5-67 所示。

（26）单击其中的 download.zip 文件，尝试下载该文件，此时会在浏览器中显示一段乱码，如图 5-68 所示。

（27）此时右击火狐浏览器上方蓝色部分，在弹出的菜单中选择"菜单栏"，如图 5-69 所示。

图 5-67　FTP 服务器文件列表

图 5-68　浏览器显示中文乱码

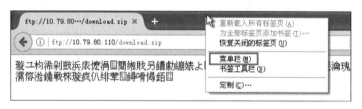

图 5-69　选择"菜单栏"

（28）在火狐浏览器上方会显示出菜单栏，单击其中的"查看"→"文字编码"→Unicode，将文字内容转换为 Unicode 方式显示，如图 5-70 所示。

（29）浏览器中显示的内容会正常显示为中文内容，如图 5-71 所示。

（30）可见下载 zip 类型文件时，由于此前设置了文件过滤规则，使得下载被阻断。

（31）综上所述，通过设置关键字和文件类型管理，使得含有关键字信息的网页不能显示，以及被过滤的文件类型不能下载，满足预期要求。

3）配置攻击防护策略，实现对外网攻击的防御

（1）依次单击"策略配置"→"安全防护"→"攻击防护"，列出当前的攻击防护策略列表，如图 5-72 所示。

（2）单击"＋添加"按钮，在弹出的"添加攻击防护"界面中，"安全域"设置为 untrust，即将 ge2 和 ge3 口代表的外网加入 untrust 安全域中。

（3）配置 Flood 防护策略，为验证有效性，警戒值设置较正常值是偏低。设置"SYN Flood 处理"为"丢弃"，"警戒值"设置为 100（100 人使用的网络建议值为 1000）。设置"ICMP Flood 处理"为"警告"，"警戒值"设置为 50（100 人使用的网络建议值为 500）。设置"UDP Flood 处理"为"警告"，"警戒值"设置为 100（100 人使用的网络建议值为 1000）。设置"IP Flood 处理"为"丢弃"，"警戒值"设置为 50（100 人使用的网络建议值为 500）。

图 5-70　选择编码方式

图 5-71　网页显示内容

如图 5-73 所示。

（4）配置恶意扫描策略。"禁止 Tracert"可根据实际情况选择，在本实验中为勾选，设置"IP 地址扫描攻击 处理"为"警告"，"警戒值"设置为 100（100 人使用的网络建议值为 1000），"端口扫描 处理"设置为"警告"，"警戒值"为 100（100 人使用的网络建议值为 1000），如图 5-74 所示。

（5）配置欺骗防护。勾选"IP 欺骗"和"DHCP 监控辅助检查"复选框，如图 5-75 所示。

（6）勾选"IP 欺骗"复选框，需要配置 IP 安全域关联，此部分等待添加攻击防护策略完成后再进行设置。

（7）配置异常包攻击。在"异常包攻击"一栏中，选中所有选项，如图 5-76 所示。

（8）配置 ICMP 管控策略。在"ICMP 管控"一栏中，勾选所有复选框，如图 5-77 所示。

图 5-72　攻击防护策略列表

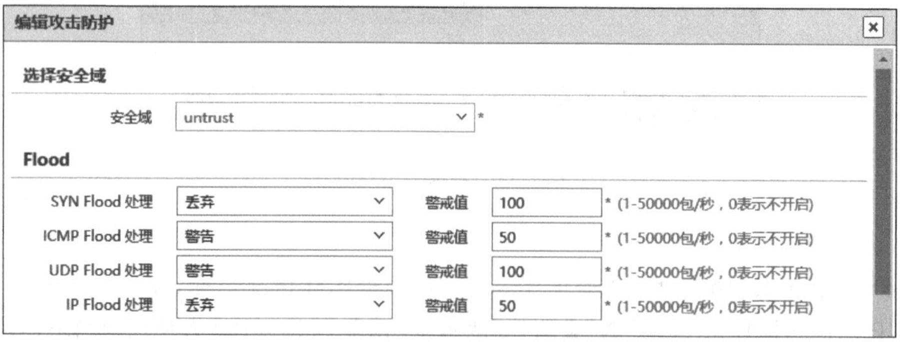

图 5-73　配置 Flood 防护策略

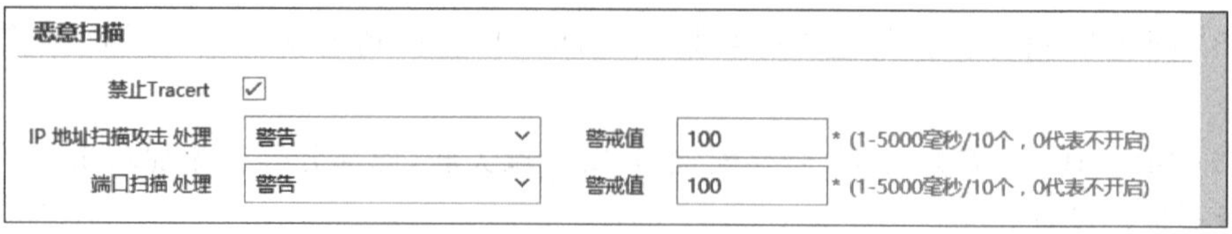

图 5-74　配置恶意扫描防护策略

图 5-75　配置欺骗防护策略

图 5-76　配置异常包攻击策略

图 5-77　配置 ICMP 管控策略

（9）配置应用层 Flood 策略。在"应用层 Flood"一栏中，"DNS Flood 防护动作"设置为"普通防护"，"警戒值"设置为 100（100 人使用的网络建议值为 1000），"HTTP Flood 防护动作"设置为"普通防护"，"警戒值"设置为 100（100 人使用的网络建议值为 1000），如图 5-78 所示。

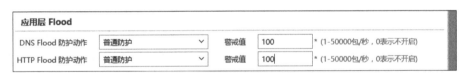

图 5-78　配置应用层 Flood 策略

（10）配置 SYN Cookie 策略。在"SYN Cookie"一栏中，勾选"启用"复选框，"MSS"使用默认的 1460 即可，单击"确定"按钮，如图 5-79 所示。

图 5-79　配置 SYN Cookie 策略

（11）配置"攻击防护"策略完成后，会在列表中显示该策略内容，如图 5-80 所示。

图 5-80　攻击防护策略列表

（12）此时需要完成第 6 步中提到的"IP 安全域关联"策略配置。单击右侧的"IP 安全域关联"，如图 5-81 所示。

图 5-81 "IP 安全域关联"标签页

（13）将 ge2、ge3 和 ge4 口对应的"124.16.8.0""125.17.9.0""172.16.0.0"三个网段添加到 IP 安全域关联中。单击"＋添加"按钮，在弹出的"添加 IP 安全域关联"界面中，在"本地地址"中输入"124.16.8.0"，在"子网掩码"中输入"255.255.255.0"，将"安全域"设置为 untrust，将 ge2 口对应的 IP 地址段加入 IP 安全域关联中，如图 5-82 所示。

图 5-82 添加 ge2 口关联

（14）添加 ge3 口 IP 安全域关联。再次单击"＋添加"按钮，在弹出的"编辑 IP 安全域关联"界面中，在"本地地址"中输入"125.17.9.0"，在"子网掩码"中输入"255.255.255.0"，将"安全域"设置为 untrust，如图 5-83 所示。

（15）添加 ge4 口 IP 安全域关联。单击"＋添加"按钮，在弹出的"编辑 IP 安全域关联"界面中，因为内网是划分为"172.16.2.0"网段，ge4 的接口设置为"172.16.2.1"，所以

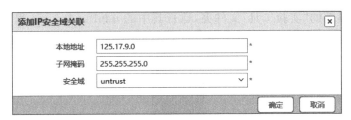

图 5-83　添加 ge3 口关联

在"本地地址"中输入"172.16.2.0"，在"子网掩码"中输入"255.255.255.0"，将"安全域"设置为 trust，如图 5-84 所示。

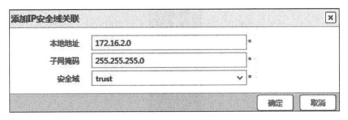

图 5-84　添加 ge4 口关联

（16）添加 ge2、ge3 和 ge4 口的 IP 安全域关联后，在"IP 安全域关联"列表，会显示相关信息，如图 5-85 所示。

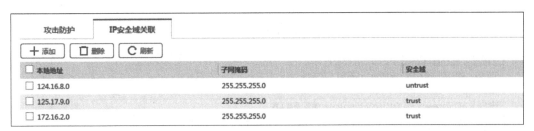

图 5-85　IP 安全域关联列表

（17）返回实验平台对应实验拓扑中，登录左侧第二台 FTP 服务器，该台服务器也同时作为模拟外网攻击主机，如图 5-86 所示。

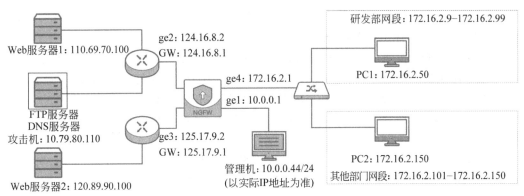

图 5-86　登录模拟攻击机

（18）进入桌面的"实验工具"文件夹，运行其中的 udpflooder.exe 程序，如图 5-87 和图 5-88 所示。

图 5-87　进入"实验工具"文件夹

图 5-88　运行 udp flooder 泛洪攻击工具

（19）在攻击软件界面中，Host 输入防火墙 ge2 对外的 IP 地址"124.16.8.2"，Ports 中单击"＋"按钮，在弹出的 Port 界面中，输入 80，如图 5-89 所示。

（20）单击 OK 按钮，添加端口完成后，"Flood Type"设置为 UDP，"Packets/S"设置为 1000，表示泛洪攻击类型为 UDP Flood，攻击速率为 1000 个数据包每秒，如图 5-90 所示。

（21）设置好攻击参数后，单击下方的 Flood 按钮，开始攻击。

（22）返回防火墙的 Web UI 界面，在"面板"页面，可看到右上方威胁事件报警信息，如图 5-91 所示。

（23）单击右上方黄色报警信息下方的"威胁详情"，跳转到"威胁日志"页面，可看到当前的威胁是 UDP flood 攻击，以及攻击者和被攻击者等详细信息，如图 5-92 所示。

（24）返回攻击虚拟机 FTP 服务器，在攻击软件界面将 Flood Type 设置为 ICMP，如

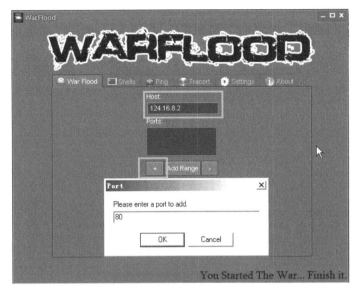

图 5-89　输入攻击参数

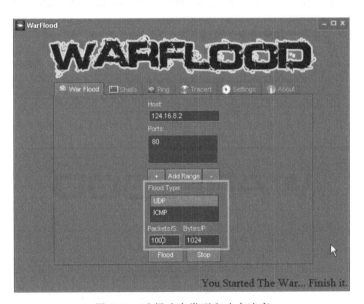

图 5-90　选择攻击类型和攻击速率

图 5-93 所示。

（25）再次返回防火墙的"数据中心"→"威胁日志"，可看到威胁信息中增加了 ICMP 超大包的威胁信息，如图 5-94 所示。

（26）以 UDP Flood 和 ICMP Flood 为例，防火墙在受到外网泛洪攻击后，设定的防护策略生效，满足预期。

（27）返回攻击虚拟机，单击攻击软件中的 Stop 按钮，停止泛洪攻击，关闭泛洪攻击软件以便进行后续实验。

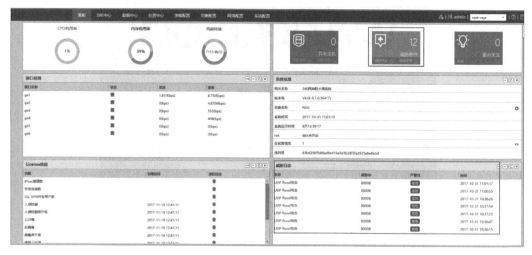

图 5-91　黄色威胁事件报警

图 5-92　威胁详细信息

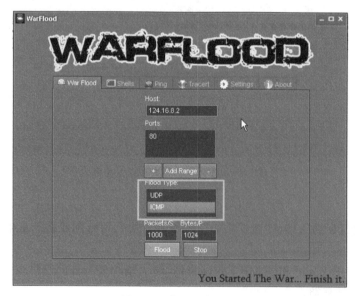

图 5-93　修改攻击类型

图 5-94　ICMP Flood 攻击威胁

（28）进入外网攻击虚拟机，进入桌面的"实验工具"文件夹，运行其中的 Advanced Port Scanner 软件，如图 5-95 所示。

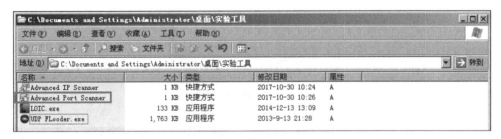

图 5-95　运行端口扫描软件

（29）在软件界面的地址栏中输入 ge2 口所在的 IP 地址段"124.16.8.1-124.16.8. 254"，端口栏保留默认的"知名 TCP 端口 1-1023"，如图 5-96 所示。

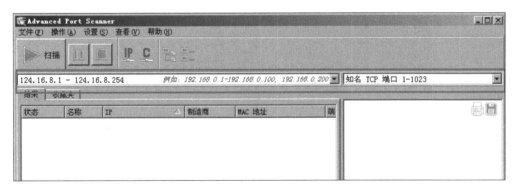

图 5-96　设置扫描端口参数

（30）单击"扫描"按钮，开始扫描端口，扫描软件界面会显示扫描结果，可见扫描出路由器和防火墙的相关信息，如图 5-97 所示。

（31）等待端口扫描运行一段时间后，再登录防火墙 Web UI 界面，可见右上方的威胁数量增加。单击"数据中心"→"威胁日志"，可查看新增端口扫描的威胁信息，如图 5-98 所示。

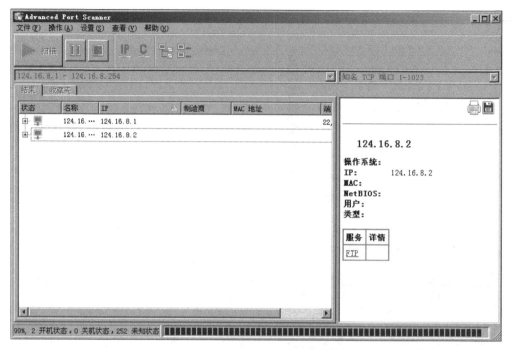

图 5-97　开始扫描端口

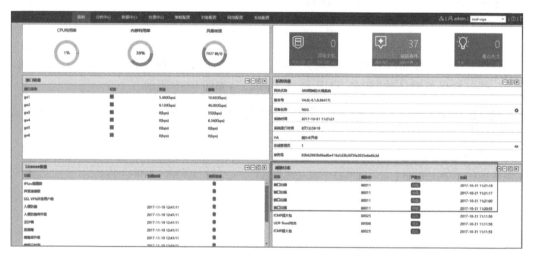

图 5-98　端口扫描威胁

（32）再次进入攻击虚拟机，进入桌面的"实验工具"文件夹，运行 LOIC 软件，开始 HTTP Flood 攻击，如图 5-99 所示。

（33）在软件界面的 IP 中输入 IP 地址"124.16.8.1"，并单击右侧的"Lock on"按钮，之后在"Selected target"中会显示该 IP 地址，如图 5-100 所示。

（34）设置攻击参数。在"Attack options"一栏中，Method 选择 HTTP，不勾选"Wait for reply"复选框，如图 5-101 所示。

图 5-99　进入应用层 Flood 文件夹

图 5-100　设置攻击主机并锁定

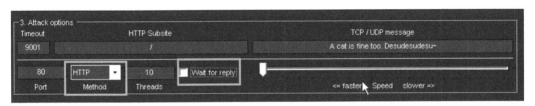

图 5-101　配置攻击参数

（35）配置攻击目标和参数后，单击软件右上方的"IMMA CHARGIN MAH LAZER"按钮，开始攻击，在软件界面下方会显示当前攻击状态，如图 5-102 所示。

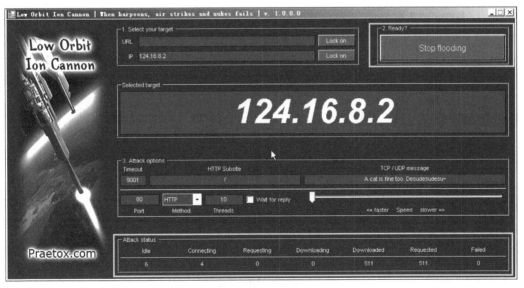

图 5-102　开始攻击

（36）登录防火墙设备，单击"数据中心"→"威胁日志"，可查看新增的威胁信息，如图 5-103 所示。

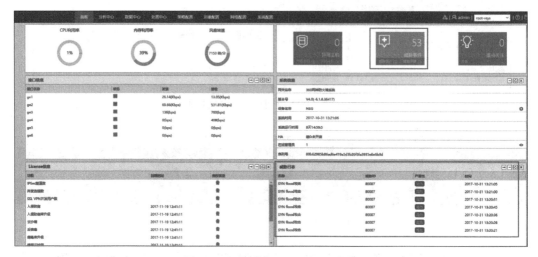

图 5-103　检测出 SYN Flood 攻击

（37）返回攻击虚拟机，在 LOIC 扫描端口软件中，单击右上方的"Stop flooding"按钮，停止 HTTP Flood 攻击。

（38）综上所述，防火墙受到通过设置相关的安全策略、攻击防护等规则后，可以在外网攻击的情况下按照安全策略进行对应处置，满足预期要求。

4）扫描内网主机并配置 IP-MAC 绑定，设置未绑定策略

（1）返回防火墙 Web UI 界面，单击"策略配置"→"IP-MAC 绑定"→"绑定列表"，显示当前的绑定列表信息，如图 5-104 所示。

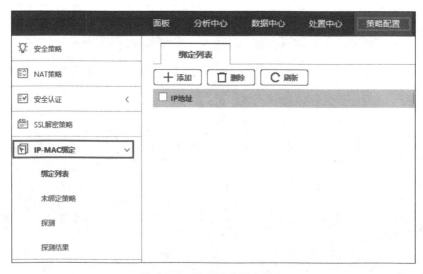

图 5-104　IP-MAC 绑定列表

（2）防火墙提供当前活动主机的探测功能，单击"IP-MAC 绑定"→"探测"，显示当前

皆空的设置信息，如图 5-105 所示。

图 5-105　探测接口列表

（3）在实际使用中，通常是对内网主机进行 IP-MAC 绑定，在本实验中，ge4 接口作为内网接口，因此探测主要针对 ge4 接口，单击 ge4 接口一行右侧"操作"列中的三角符号，运行探测功能，如图 5-106 所示。

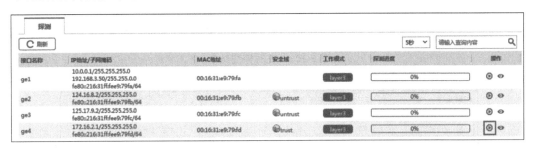

图 5-106　运行 ge4 探测功能

（4）在弹出的"探测"界面中，在"起始 IP"中输入内网主机的开始 IP 地址"172.16.2.1"，即 ge4 接口本身的 IP 地址，在"结束 IP"中输入内网主机结束的 IP 地址，在本实验中内网最后一个地址段为"172.16.2.254"，因此输入的 IP 地址为"172.16.2.254"。如图 5-107 所示。

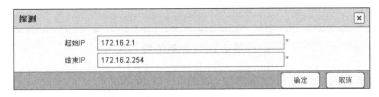

图 5-107　输入探测的 IP 地址范围

（5）确认信息无误后，单击"确定"按钮，开始探测内网地址段活跃主机，在"探测"界面会显示当前探测进度条，如图 5-108 所示。

（6）探测完成后，单击 ge4 接口一行右侧"操作"列中的眼睛形状标志，查看探测结果，如图 5-109 所示。

（7）在弹出的"探测结果"界面中，可查看活跃的两台内网主机，如图 5-110 所示。

（8）勾选"接口名称"复选框，可以批量选中扫描出的结果，随后单击上方的"批量绑

图 5-108　探测进度条

图 5-109　查看探测结果

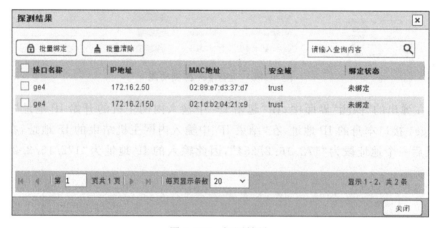

图 5-110　探测结果

定"按钮,将扫描出的结果进行批量绑定,如图 5-111 所示。

（9）单击"批量绑定"按钮后,会弹出确认框,单击"确认"按钮即可,如图 5-112 所示。

（10）单击"确认"按钮后,返回"探测结果"界面,可见列表右侧的"绑定状态"已变更为"绑定",如图 5-113 所示。

（11）单击"关闭"按钮,完成 IP-MAC 的绑定设置,可单击"IP-MAC"→"绑定列表",查看当前绑定的所有信息,如图 5-114 所示。

（12）继续设置未绑定策略,单击"策略配置"→"IP-MAC 绑定"→"未绑定策略",显示当前的未绑定策略列表,如图 5-115 所示。

（13）单击"＋添加"按钮,在弹出的"添加未绑定策略"界面中,"安全域"设置为

图 5-111　进行批量绑定

图 5-112　确认绑定

trust，"行为"选中"拒绝"单选按钮，"IP 类型"选中 IPv4 单选按钮，这是由于目前常见的网络中使用的 IP 地址版本基本均为 IPv4，因此设置时以 IPv4 举例，如图 5-116 所示。

（14）单击"确定"按钮，返回"未绑定策略"列表界面，可查看添加的策略信息，如图 5-117 所示。

（15）综上所述，通过 IP-MAC 探测，防火墙可获取内网主机的 IP 地址与 MAC 地址，并可对 IP 地址与 MAC 地址进行绑定，对未绑定的 IP-MAC 实现拒绝访问，从而提高内网的安全性，满足预期要求。

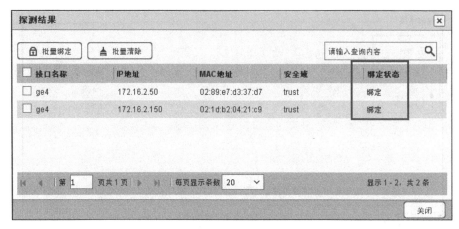

图 5-113 绑定状态

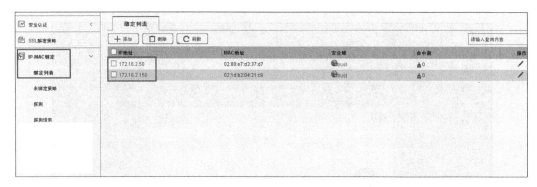

图 5-114 绑定列表

图 5-115 "未绑定策略"标签页

图 5-116　设置未绑定策略

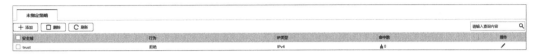

图 5-117　未绑定策略列表

【实验思考】

（1）在本实验中防火墙是否可以实现 QoS 管理？

（2）为进一步提高防火墙的安全防护水平,应从哪些方面进一步细化防火墙的设置？

图书资源支持

感谢您一直以来对清华版图书的支持和爱护。为了配合本书的使用，本书提供配套的资源，有需求的读者请扫描下方的"书圈"微信公众号二维码，在图书专区下载，也可以拨打电话或发送电子邮件咨询。

如果您在使用本书的过程中遇到了什么问题，或者有相关图书出版计划，也请您发邮件告诉我们，以便我们更好地为您服务。

我们的联系方式：

清华大学出版社计算机与信息分社网站：https://www.shuimushuhui.com/

地　　址：北京市海淀区双清路学研大厦 A 座 714

邮　　编：100084

电　　话：010-83470236　010-83470237

客服邮箱：2301891038@qq.com

QQ：2301891038（请写明您的单位和姓名）

资源下载： 关注公众号"书圈"下载配套资源。

资源下载、样书申请

书圈

图书案例

清华计算机学堂

观看课程直播